本书由武汉中农南方科技有限公司获批的"武汉市第五批'黄鹤英才计划'"项目资助。

萝卜生态
健康栽培技术

袁伟玲　聂随娥　主编

LUOBO
SHENGTAI
JIANKANG
ZAIPEI
JISHU

长江出版传媒
湖北科学技术出版社

图书在版编目(CIP)数据

萝卜生态健康栽培技术/袁伟玲,聂随娥主编.
—武汉:湖北科学技术出版社,2018.10(2018.12 重印)
ISBN 978-7-5706-0299-5

Ⅰ.①萝… Ⅱ.①袁…②聂… Ⅲ.①萝卜—
蔬菜园艺 Ⅳ.①S631.1

中国版本图书馆 CIP 数据核字(2018)第 101903 号

责任编辑:邱新友 王贤芳 封面设计:曾雅明

出版发行:湖北科学技术出版社 电话:027—87679468
地 址:武汉市雄楚大街 268 号 邮编:430070
(湖北出版文化城 B 座 13—14 层)
网 址:http://www.hbstp.com.cn

印 刷:武汉图物印刷有限公司 邮编:430071

880×1230 1/32 4.625 印张 100 千字
2018 年 9 月第 1 版 2018 年 12 月第 2 次印刷
定价:15.00 元

本书如有印装质量问题 可找本社市场部更换

《萝卜生态健康栽培技术》
编委会

主　　编　袁伟玲　聂随娥

副 主 编　崔　磊　陈磊夫　刘志雄

编写人员　（按姓名汉语拼音排序）

陈磊夫　　崔　磊　　符家平

甘彩霞　　顾晓庆　　郭凤领

何文远　　焦忠久　　矫振彪

李鹏程　　梁红艳　　刘志雄

龙义武　　孟祥生　　聂随娥

皮秀权　　邱正明　　汪新胜

王　科　　王中旻　　吴国辉

吴金平　　熊绪兴　　姚明华

於校青　　袁伟玲　　周　洁

朱凤娟　　祝国伟

前　言

　　蔬菜是人们日常生活中重要的食品,也是维持人体健康所需的维生素、矿物质、碳水化合物及纤维素的重要来源。近年来,我国的蔬菜产业已发展成为我国农业和农村经济发展的支柱产业。但在蔬菜生产的过程中,土壤连作障碍,土壤生产力下降,过量的施用化肥和化学农药等,已严重影响着蔬菜产品质量和农业生态环境安全。而推广运用蔬菜生态健康栽培技术是推进农业结构调整、促进蔬菜产业可持续发展的有效措施。因此,编者在国内主要蔬菜种植管理新技术的基础上,结合多年来一线工作的实践经验,编写了这本《萝卜生态健康栽培技术》。

　　本书比较详细地介绍了萝卜生产的概况,萝卜的植物学特征及生长发育,萝卜品种资源的类型及优良品种,萝卜种植制度,萝卜生态健康栽培技术,萝卜生理病害类型及其防治方法,萝卜芽和叶用萝卜栽培技术,萝卜病虫害及其防治,萝卜贮藏及加工,萝卜种子生产等内容。目的是想通过本书能为进一步提高萝卜安全优质高效栽培技术水平,普及推广萝卜生态健康栽培技术,帮助广大专业户和专业技术人员解决一些生产上的实际问题。

　　本书在编写时既参考了一些国内知名专家的论著,同时又吸取了广大农技推广人员的实践经验。注重理论和实践相结合,理论知识通俗易懂,实践经验切合生产实际,具有较高的实用性和可操作性。

本书可供广大菜农、基层农业技术人员以及农业院校师生学习参考。

　　由于编者水平所限,书中难免出现不当之处,谨请专家、同仁和农民朋友不吝批评指正。

编者

2018 年 3 月

目　　录

第一章 绪论

一、我国萝卜栽培概况

(一)萝卜栽培的历史

萝卜又名莱菔,十字花科萝卜属,是能形成肥大肉质根的1~2年生草本植物。萝卜是根菜类栽培面积最广的蔬菜,历史悠久,早在《诗经》中就有关于萝卜的记载。萝卜营养丰富,有很好的食用、医疗价值。我们食用的萝卜根,既可用于制作菜肴,炒、煮、凉拌等;又可当作水果生吃,味道鲜美;还可用作泡菜、酱菜腌制。萝卜种子含油42%,可用于制肥皂或作润滑油。种子、肉质根、叶均可入药,下气消积。生萝卜含淀粉酶,能助消化。

萝卜适应性很强,产量高、病害少,具有营养价值高、用途广、生产成本低等特点,是农民增收,调整农业产业结构的首选品种。

萝卜的用途很多,栽培面积也逐年增长。萝卜在我国长期大面积栽培,主要是由于:

(1)环境适应广,在春、夏、秋、冬不同季节,在热、温、寒不同地区,在沙土或壤土等不同土壤条件均有其相应种植品种。

(2)用途广,萝卜可熟食、生食、加工,还可药用及作饲料。

(3)品种类型多、数量多,可满足各种类型的栽培。

(4)栽培技术易掌握。

(5)生育期相对较短且产量高,早熟品种一般在20天左右就可采收,绝大多数品种自播种到采收在 90 天以内,一般亩产 3500～4000 千克(1 亩≈667 米²,下同),早熟小萝卜亩产也可达 400～800 千克;大型晚熟品种亩产可达 6000～10000 千克。

由于萝卜生育期短,产量高,过去在灾年中起了重要的抗灾作用。

(二)萝卜的主要营养成分和功效

萝卜营养丰富,有很好的食用和医疗价值,有"冬吃萝卜夏吃姜,一年四季保健康"的说法。每 100 克新鲜产品含水分87～95 克,糖类 1.5～6.4 克,纤维素 0.8～1.7 克,维生素C8.3～29 毫克。另外萝卜含木质素、果胶等。萝卜的辛辣味,是由于含有芥子油。这种芥子油对人体有益无害,与萝卜中的酶一起作用后,能促进肠道蠕动,将肠中有害物质迅速排出体外,可增进食欲,预防消化道癌。萝卜的消化酶素中含淀粉酶,属于抗癌物质。萝卜是最常见的家常菜,除了食用价值以外,萝卜还有许多其他功效。

(1)防癌、抗癌。据分析,萝卜、大白菜等十字花科蔬菜是最佳的防癌、抗癌食物,萝卜能够防癌、抗癌,是因为含有一些特殊成分。

萝卜硫素:萝卜中含有一种植物源化学物质——萝卜硫素,是存在于很多十字花科蔬菜中的一种生物活性化合物。萝卜硫素在目前发现的所有天然抗癌物质里,效力最强、效果最好。它能刺激细胞制造产生较高Ⅱ型酶(有益酶),能使细胞形成对抗致癌物侵蚀的膜。

维生素 A:萝卜含有大量维生素 A,是保持细胞间质的必需物质,起着抑制癌细胞生长的作用。

糖化酵素:萝卜中含有一种糖化酵素,能够分解食物中的

亚硝胺,降低致癌作用。

木质素:萝卜中有较多的木质素,能使体内的巨噬细胞吞噬癌细胞的活力提高 2～4 倍。

硫莱菔子素:萝卜中含有一种防癌化合物——硫莱菔子素,能启动人体内的防御功能。

(2)抗痛风。萝卜对痛风有特殊的效果,这是因为萝卜属碱性食品,是一种基本上不含嘌呤的蔬菜。萝卜中含有丰富的活性酶,生食可以有效促进嘌呤的代谢,萝卜中含有大量的钾、磷、钙、铁、维生素 K、维生素 C 等,可以有效提高血液质量、碱化血液,并有利尿、溶石作用,对痛风患者十分有利。

(3)降血压。经常生食萝卜有神奇的降低血脂、胆固醇、软化血管、稳定血压的作用,可以预防冠心病、动脉硬化、肾结石、胆石症等。同时医学界认为萝卜籽具有良好的降血压作用,可以研发出疗效高、无毒副作用、新型降压药物。

(4)助消化。萝卜中还含有助消化的苷酶、触酶、淀粉酶、糖化酶,因为它们都是碱性,可以快速中和胃酸,并且还含有促进胃肠蠕动、增进食欲的芥子油、膳食纤维等有益成分。所以,餐后生食萝卜可以快速起到促进消化,解除胃酸、胃胀的神奇功效,对胃溃疡、十二指肠溃疡有很好的食疗效果。

此外,萝卜还含有葡萄糖、氧化酶腺素、气化黏液素、组织氨基酸、胆碱等成分。萝卜对链球菌、葡萄球菌、肺炎球菌、大肠杆菌都有抑制作用。

(5)止咳、化痰、平喘。萝卜能“下气、消食和去邪热气”,患有急慢性支气管炎、哮喘或咳嗽、痰多、气喘者,用大红萝卜洗净、带皮切块、生榨汁,有降气化痰平喘的功效;失音不语,可用生萝卜汁、生姜汁各等份,漱咽,缓解症状。

另外,萝卜还有排毒美容、抗病毒、补血补钙等功效。

二、我国萝卜产业现状及发展策略

(一)萝卜产业现状

目前我国萝卜种植面积在120万公顷左右,生产主要集中在河北、浙江、安徽、山东、广东、四川、湖北等地。随着生产的发展和生活水平的提高,人们对萝卜产品质量的要求也随之提高,因而品种选择和栽培制度也在不断创新。据栽培习惯,长江以北均以红皮白肉类型和绿皮绿肉类型的品种栽培为主,长江以南,特别是广东、广西、福建、上海、浙江等地以栽培白皮白肉品种为主。随着国外的优质白萝卜品种的引进,长江以北白萝卜品种也得到迅速推广。

出口创汇萝卜生产的发展,也是我国萝卜生产上的一大特色。目前出口创汇萝卜生产有两种情况:一种是外商指定品种,在我国生产,加工成半成品输出,如日本"新八洲"等品种;另一种是我国自己的传统优良地方品种,在原产地生产,按外商规定的产品标准出口,如江苏的"捏颈儿"、重庆"胭脂红"、北京"心里美"等品种。

随着国内品种的发掘改良和国外品种的大量引进,生产上可利用的品种大大扩展,现在一年四季都有可栽培的优良品种。所以,当前在农业种植结构调整的过程中,萝卜发挥了重要作用。如湖北、江苏、山东、贵州等省都有出口和加工萝卜的生产基地,其经济效益远远超过大田作物。

萝卜作为秋冬主导蔬菜的地位已发生改变,秋冬茬萝卜的栽培面积逐年下降,而对萝卜的周年供应提出了更高的要求,春、夏季萝卜栽培及冬春保护地栽培面积不断扩大。就栽培用途而言,菜用品种栽培面积明显减少,生食及加工腌渍品种面积大幅度增长;从食用部位而言,现在萝卜除继续食用肉

质根外,正在向利用籽粒油料型和芽苗菜型发展。总的来说,萝卜的用途越来越广,栽培面积也逐年增长。

(二)发展策略

(1)在品种选择上,应因地制宜地选择同类型中最优品种为主栽品种。春季应选择晚抽薹生育期短的品种;夏季应选择耐热、抗病的品种;一些肉质根长、皮洁嫩的品种宜在沙壤土地上种植,在黏性土壤地区宜选露身或半露身型和肉质根短的品种;水果用萝卜要脆嫩汁多;加工品种要求组织致密、干物质含量高等。

(2)在栽培技术上,应选择或创造适于萝卜生产的环境条件,施用有机肥和生物肥料,不施未腐熟的人畜粪便,少施化肥,尤其不能过多施用尿素之类的氮肥。

(3)产品种类要增加,以拓宽销售渠道,如叶用萝卜,萝卜芽,萝卜蜜饯,萝卜腌制品、酱制品等。

(4)加强地区间和国际间的交流,以便更好地了解国际上的先进技术和市场信息,改进生产管理,增加萝卜产品类型,提高萝卜产品质量。我国既有非常适合萝卜生长的环境,又有世界最丰富的品种资源,只要生产技术与国际先进技术接轨,我国将是世界上一流的萝卜生产国家。

第二章 萝卜的植物学特征及生长发育

一、萝卜的植物学特征

(一)植物学特性

萝卜为直根系,小型萝卜的主根深60~150厘米,大型萝卜的主根长达180厘米,主要根群分布在20~45厘米的土层中。肥大的肉质根是同化产物的贮藏器官。肉质根的形状、大小、色泽等,因品种不同而异。根有圆、扁圆、长圆筒、长圆锥等形状。

萝卜肉质根的皮有白、粉红、紫红及青绿等颜色,俄罗斯和法国还有黑皮萝卜。萝卜的肉色多为白色,但也有青绿、紫红等颜色、如北京的"心里美"品种的根肉为紫红色。肉质根皮色是由周皮层内有无色素决定。周皮层的细胞含有花青素的,即成红皮或紫皮;含叶绿素的,即成绿皮;不含色素的为白皮。

萝卜营养生长期茎短缩,进入生殖生长期抽生花茎。子叶两片,肾形;第1片真叶呈匙形,称为"初生叶";以后在营养生长期内长出的叶子统称"莲座叶"。叶形有板叶(全缘叶)、裂刻叶(花叶)之分。裂片多少及裂刻的深浅,因品种不同而差异较大。叶丛伸展方式有直立、半直立和平展三种类型。叶片有深绿色、浅绿色等,叶柄有绿色、红色、紫色。叶片和叶柄上多茸毛。

萝卜为复总状花序,完全花。主枝上的花先开,每枝自下而上逐渐开放。全株花期 30～35 天,每朵花开放期为 5～6 天。萝卜为虫媒花,天然异交作物,采种栽培时,品种之间须隔离 2000 米,有树林、建筑物遮护地区,也要相隔 1000 米。

萝卜果实为长角果。种子着生在果荚内,果实成熟后不开裂。每一果实中有种子 3～10 粒,种子为不规则的圆球形,种皮色为浅黄色至暗褐色。一般肉质根皮白色或绿色品种,种子皮色较深,肉质根皮粉红色品种,其种子皮色较淡。种子千粒重 7～13.8 克。种子发芽力可保持 5 年,但生产上宜用 1～2 年的新鲜种子。

(二)生长发育

萝卜的生长发育过程,可以分为营养生长和生殖生长两个时期。

1.营养生长期

萝卜的营养生长期是从播种后种子萌动、出苗到形成肥大的肉质根的整个过程。在这个过程中,由于生长特点的变化,又分为发芽期、幼苗期和肉质根生长期(产品形成)。

(1)发芽期。从种子萌动到第 1 片真叶显露为发芽期,此期 5～7 天。该期靠种子内贮藏的养分和外界的温度、水分、空气等条件进行种子萌发和子叶出土,因而种子的质量、种子的贮藏条件和贮藏年限,都影响种子发芽率及幼苗生长。发芽期需要较高的土壤温度和 25℃ 左右的气温,在此温度下播种后 3 天左右即可出苗。要注意防止土壤干燥,以保证出苗及时与苗齐。发芽期对肥料的吸收量很小,并以氮为多。

(2)幼苗期。从第 1 片真叶暴露到"破肚"(破白)为幼苗期。此期有 7～9 片真叶展开,需时 15～20 天。这个时期,萝卜幼小的吸收根不断生长,吸收土壤中的水分和养分,真叶也展开进行光合作用,使幼苗从依靠种子内营养物质生长逐步转向自己制造光合产物的"自养生长"阶段。这个时期的根和叶同时生长,而叶片生长占优势;根系主要是纵向生长,并开始横向加粗生长。

在幼苗期,萝卜根会出现"破肚"现象。这是因为植株下胚轴开始横向生长时,新生组织不断增加,产生一种向外膨胀的压力,但是表皮、皮层的细胞未能相应地生长和膨大,因而造成外层表皮破裂。"破肚"标志着萝卜肉质根开始加粗生长和幼苗期的终了。这个时期对肥水的需要量逐渐增加。在播种前已施足底肥的,此时无须追肥。如果水肥过量,就会促进叶片徒生。在此期间,切忌使幼苗过度拥挤,要及时间苗、中耕、定苗、培土,并注意防病灭蚜。

大型萝卜幼苗期需20天左右,小型萝卜需5～10天。大中型萝卜一般5～7片叶龄开始"破肚"。

(3)肉质根生长期。肉质根生长期可分为前期及盛期。

肉质根生长前期:又称莲座期或叶部生长盛期,是从"破肚"到"露肩"的阶段。萝卜在"破肚"之后,随着叶片的增长,肉质根不断膨大,根肩渐粗于顶部,称之为"露肩"或"定橛"(肉质根直立,开始迅速膨大)。此期是叶丛旺盛生长盛期,肉质根迅速膨大,根头部长粗,这时已能看出品种类型的特征。在栽培上,应增施水肥,以便形成较大的莲座叶,但须适当控制水肥,以免地上部徒长。

肉质根生长盛期:从"露肩"到收获。此期为肉质根迅速生长的时期。

从"露肩"到收获,大中型萝卜需40～45天,小型萝卜需15～20天。此期也称产品器官形成时期,植株生长的主要特点是地上部的叶片生长速度缓慢,大量营养物质向肉质根内运输,肉质根的生长加快。随后,老叶片不断枯黄,而肉质根则继续增长,到生长末期,叶片重量只有肉质根重量的1/5～1/2。此期肉质根的生长量为肉质根总体积的80%。这时土壤中要有大量的水肥供应,并需要13～18℃的较低温度,以利于肉质根的肥大。氮、磷、钾肥料的增加量为总量的80%以上。吸收量以钾为最多,其次为氮,磷最少。此期吸收的无机营养有3/4用于肉质根的生长,因此必须有充足的肥水。当肉质根充分生长的后期,仍应适当浇水,保护土壤湿润,避免土壤干燥引起空心而降低商品质量。

四季萝卜(小型萝卜)的营养生长时期较短。从种子萌动到第1片真叶展开为发芽期;从第1片真叶展开到"破肚"为幼苗期;"破肚"后即进入肉质根生长盛期。在此期的初期(5～10天内),叶子生长比肉质根的生长快,叶重为根重的1～2倍;中期(10～15天)叶丛和肉质根的重量相等。后期肉质根的重量大大增加,甚至超过叶丛重的3倍。

2.生殖生长期

在生殖生长期,萝卜营养生长期过渡到生殖生长期,2年生的品种在北方寒冷地区要经过冬季的一段低温贮藏期,翌年春暖后定植于田间;而在南方温暖地区,在冬初收获后即可将种株栽于田间越冬,到春暖后即可抽薹开花结实。

在北方地区,萝卜的生殖生长时期,分为种株返青期、抽薹期、开花期和结荚期。

(1)返青期和抽薹期。从将越冬埋藏的种株(萝卜肉质根)栽植于采种田到开始抽薹为返青期。这时温度逐渐升高。种株发生新根和吸收水分的毛根,嫩黄叶片逐渐变绿。此期为15天左右。抽薹期是从开始抽薹到开始开花。随着花薹的伸长,主花茎上的花蕾发育长大,到将开花时,抽薹期即将结束,需10～15天。

（2）开花期和结荚期。从开始开花到植株基本谢花为开花期。此期花蕾和侧枝迅速生长，逐渐进入开花盛期，花从花茎下部向上陆续开放，并继续抽生花枝。一般秋萝卜种株每株有主枝 1 个，一级分枝 20 个左右。主枝和一级分枝上的花数占 80%～90%。此期为 20～25 天，要求肥水充足，以多施磷、钾肥为佳。

从终花期到果荚生长、种子发育成熟为结荚期。此期花枝生长基本停止，果荚和种子迅速生长发育，果荚由绿荚转变为黄荚后，种子已成熟，即可采收，萝卜果荚不易裂开，收获较方便。此期需 30 天左右。1 年生栽培的早熟萝卜春播后，当年就可以现蕾、抽薹、开花结实，完成其生育周期。

二、萝卜对环境条件的要求

（一）温度

萝卜原产于温带，为半耐寒性植物，种子在 2～3℃时开始发芽，适温为 20～25℃。幼苗期能耐 25℃左右的温度，也能耐－3～－2℃的低温。萝卜茎叶生长的温度范围可比肉质根生长的温度范围广，为 5～25℃，生长适温为 15～20℃；而肉质根生长的温度范围为 6～20℃，适宜温度为 18～20℃。所以，萝卜营养生长期的温度以从高到低为好。前期温度高，出苗快，可形成繁茂的叶丛，为肉质根的生长打好基础。以后温度逐渐降低，有利于光合产物的积贮。当温度逐渐降到 6℃以下时，植株生长微弱，肉质根膨大已渐停止，即至收获期。当温度低于－1℃时，肉质根就会受冻。此外，不同类型和品种的萝卜，其适应的温度范围也不一样，例如，四季萝卜与夏秋季萝卜类，肉质根生长能适应的温度范围较广，为 6～23℃。根据这个规律，我们就可以将不同类型的萝卜品种安排在不同的季节栽培,以达到周年供应的目的。

(二)水分

适于萝卜肉质根生长的土壤有效含水量为 $65\%\sim80\%$,空气湿度为 $80\%\sim90\%$。空气湿度大,可提高萝卜肉质根的品质;但是,土壤水分也不能过多,否则空气缺乏,不利于根的生长与吸收,而且易引起表皮组织粗糙,根痕处生有不规则的突起,影响品质。

萝卜在不同生长时期的需水量有较大的差异。在发芽期,为了促进种子萌发和幼苗出土,防止苗期干旱造成死苗和诱发病毒病,应保持土壤湿度,土壤含水量以 80% 为宜。在幼苗期,叶片生长占优势,为防止幼苗徒长,促进根系向土壤深层发展,要求土壤湿度较低,以土壤最大持水量的 60% 为好。在叶片生长盛期(莲座期),叶片旺盛生长,肉质根逐渐膨大,要适当控制灌水,进行蹲苗。"露肩"以后,标志着叶片生长盛期结束,肉质根进入迅速膨大期,如果此时水分供应不足,就会形成细瘦的肉质根而降低产量。但是,如果水分过多,则不利于肉质根的代谢与生长,也会造成减产。如果土壤忽干忽湿,水分供应不均,就容易造成肉质根开裂,影响萝卜品质。

(三)土壤营养

萝卜以富含腐殖质、土壤深厚、排水良好的沙壤土为宜。黏重壤土不利于萝卜肉质根膨大。土层过浅、坚实、易发生叉根。一般要求土壤以中性或偏酸性为好,即 pH 值为 $5.3\sim7$。四季萝卜对土壤酸碱度的适应范围较广,pH 值为 $5\sim8$。

萝卜对土壤肥力要求很高,在全生长期都需要充足的养分供应。在生长初期,对氮、磷、钾三要素的吸收较慢;随着萝卜的生长,其对三要素的吸收也加快,到肉质根生长盛期,吸收量最多。在不同时期,萝卜对三要素吸收情况是有差别的。

幼苗期和莲座期正是细胞分裂、吸收根生长和叶片面积扩大时期,需氮较多;进入肉质根生长盛期,对磷、钾的需要量增加,特别是对钾的需要量更多。萝卜在整个生长期中,对钾的吸收量最多,其次为氮,磷最少。所以,种植萝卜不宜偏施氮肥,而应该重视磷、钾肥的施用,以促其苗壮生长,提高产量和品质。

(四)光照

萝卜同其他根菜类蔬菜一样,需要充足的日照,日照充足,植株健壮,光合作用强,物质积累多,肉质根膨大快,产量高。如果在光照不足的地方栽培,或株行距过密,杂草过多,植株得不到充足的光照,碳水化合物的积累就少,肉质根膨大慢,产量就降低,品质也差。

萝卜属长日照性植物。完成春化的植物,在长日照(12小时以上)及较高的温度条件下,花芽分化及花枝抽生都较快。因此,萝卜春播时容易发生未熟抽薹现象。在秋季栽培萝卜,则不利于其肉质根的形成。

播种萝卜要选择开阔的菜田,并根据萝卜品种的特点,合理密植,以提高单位面积的产量。

第三章 萝卜品种资源的类型及优良品种

一、品种资源的类型

由于萝卜栽培历史悠久,经过历代菜农及园艺工作者的长期生产实践,已培育出许多适合不同地域栽培的优良品种。

1.按萝卜不同用途特点划分

(1)生食用种。如北京的名特产"心里美"萝卜,是闻名中外的水果型萝卜。其根肉色,有血红瓤和草白瓤两类。皮薄肉脆,味甜多汁,可供生食和凉拌,具有帮助消化的作用,有"萝卜赛梨"的美称。现在全国各地,以至日本、欧美的许多国家相继引种,并被日本列为当地品种。天津的卫青也是著名的水果萝卜,其根肉翠绿,质脆多汁,味甜爽口,亦可生食。

(2)熟食用种。熟食品种类型十分丰富,例如板叶大红袍,根肉白色,品质好。耐热、抗病、耐贮藏,宜密植。中熟,生育期 80 天左右。产量高,每亩产量可达 2000~3000 千克。

(3)加工型用种。如晏种萝卜,是江苏省扬州市的名特产酱菜"萝卜头"的原料品种。晏种萝卜肉质根近圆球形,根皮白色,加工成酱制品,鲜甜脆嫩,品质极佳,在国内外享有盛名。

2.按栽培季节的不同划分

(1)春萝卜。春萝卜,在我国北方地区春播春收或春播初夏收获;在南方地区可以晚秋播种,初春收获。这一类型萝卜的特点是,耐寒性强,抽薹晚。生育期短,一般为 40～60 天。肉质根小,品质脆嫩,生食、熟食均可。

(2)夏秋萝卜。夏秋萝卜,在我国南方地区(如上海、南京、武汉、重庆、长沙及广州等地)夏季(7 月份)播种,秋季收获。这一类型萝卜的特点是耐热,耐湿,抗病性强。

(3)秋萝卜。北方地区把夏末秋初播种、秋末冬初收获的萝卜,称为秋萝卜。这种萝卜栽培面积大,产量高,耐贮藏,品质好,是冬春季的主要蔬菜。按肉质根皮色,可分为绿色(深绿、浅绿、半绿半白)、红色(鲜红、粉红、红)及白色 3 种;按肉色分为浅绿色、白色和紫红色 3 种。

(4)冬春萝卜。系指我国长江以南及四川省等冬季不严寒的地区于冬季播种、翌年春季收获上市的萝卜。这是适合于冬春季栽培的萝卜品种,叶丛较大,肉质根大部分入土,耐寒性较强,短时间在－8℃下不受冻害,对低温有较强的适应性。其冬性强,抽薹迟,不易糠心。

(5)四季萝卜。四季萝卜植株矮小,生长期短,除严寒酷暑季节外,随时均可露地播种。这种萝卜耐热,也耐寒,适应性强,抽薹也迟。北方地区多采用风障、阳畦、塑料小棚、地膜覆盖和春播地栽培。

二、优良品种

(一)优良品种

"心里美" 北京市农家品种。有裂叶及板叶两种类型。裂叶型的肉质根短圆柱形,上部略小,长 12～15 厘米,横径10～14 厘米。单根重 650 克左右。板叶型的叶簇直立性较强,肉质根略长,上部小,单根重 700 克左右。肉质根外皮细,出土部分为浅绿色,入土部分为黄白色,根尾部为浅粉红色。

肉色鲜艳,可分为红瓤和草白瓤两种,板叶型以草白瓤为多。肉质脆,味甜,口感好,可供生食。耐贮藏。抗病。适于秋季露地栽培。每亩产量为 3000～3500 千克。中熟,生长期 80 天左右。

满堂红　又名西瓜肉萝卜,是北京市农林科学院蔬菜研究中心育成的杂交种一代。满堂红萝卜分花叶和板叶两种。花叶叶丛半直立,羽状深裂;板叶叶丛直立,叶缘缺刻极浅,叶色深绿,叶柄、叶脉深绿色。肉质根椭圆形,根长 11 厘米,横径 10 厘米,3/4 露出地面,出土部分皮浅绿色,入土部分灰白色。肉质血红色,脆嫩多汁味甜。单根重 500～600 克,耐贮藏。

卫青萝卜　天津名产。肉质根长圆筒形,尾部稍弯,长 20～25 厘米,直径 5 厘米左右,皮为绿色、肉为浅绿色。生长期 80～90 天,耐热,耐涝,抗病性强。耐贮藏。肉质脆,品质好。

沙窝萝卜　天津地方品种,在当地叫大花,也叫大英子。沙窝萝卜叶丛平展,先端略向下倾,叶数较少,叶绿色,分花叶与板叶两种。根部 1/5 埋入土中,肉质根呈长圆柱形,中等大小,尾部稍弯,长 25 厘米左右,顶部直径 6.8 厘米左右,根颈部 6 厘米,单个重 0.7～1.0 千克,每亩可收 3000 千克左右。外贸出口要求每个 0.40～0.53 千克,每亩密度 6000～9000 株。耐寒,中熟,生长期 80 天左右。极耐贮藏,贮藏后含糖量增加。

胶州青萝卜　山东省胶州市地方品种。叶簇偏开展,羽状裂叶,叶色深绿。根长圆柱形,单根重 2.5～3.0 千克,根部 5/6 在地上,皮色深绿,肉色淡绿,肉质致密,水多味甜,宜生吃、煮食或腌制。抗病性强。生长期 100 天左右。在南京、上海等地区生长良好。

葛沽萝卜　天津地方品种,在当地叫墩子萝卜。形状四面方整,顶部稍小,根约 3/4 露出地面生长,1/4 埋入土中,呈圆筒形,比沙窝萝卜略短,中等大,全长 20 厘米,入土根部约 5.5 厘米,顶部直径 7 厘米,根端 6 厘米,单个重 0.5～1.5 千克,最重可达 2 千克之多,外皮白暗绿色,根群分布密而短。成株长 8～12 片叶子,叶子为羽状深裂叶,趋于平展。肉质较皮色稍淡,为翠绿色,入土部分皮肉亦为绿色,质地细嫩,含水分多,辣味轻,淀粉含量也高。耐贮藏性稍差,易糠心。亩产 3500 千克左右。耐寒,生长期 80 天。

天津板叶青　天津市蔬菜研究所从廊坊青萝卜与沙窝萝卜天然杂交后代,经多代选育而成的水果萝卜新品种。肉质根呈长圆筒形,长 18～22 厘米,横径 6～8 厘米,重 0.5～0.7 千克。根部 4/5 露出地面,皮为深绿色而有光泽,厚 0.2～0.3 厘米,尾端为玉白色,肉质致密翠绿色,脆嫩多汁而味甜,经埋藏后其含糖量可高达 8%～8.5%,为优质水果萝卜。叶半直立,浓绿色而有光泽,板叶,植株健壮。较抗病毒病、霜霉病。每亩播种量为 500～800 克,平畦条播,株距 25 厘米,行距 50 厘米。肉质根极耐贮藏,在天津从 10 月一直可保存至来年 4 月。亩产 2500～3000 千克,高产达 4000 千克。

潍县青　山东省潍坊市地方品种。肉质根长圆筒形,尾部稍微弯曲,一般长 22～30 厘米,直径 6～7 厘米,皮翠绿色附有白锈,肉绿色,组织致密。耐贮藏。经贮藏后,萝卜汁多,味道甜,是著名的水果萝卜。生长期 90 天左右。一般亩产 2500～3000 千克。

露头青　河南省洛阳市郊区地方品种。肉质根长圆柱形,长 26 厘米,横径 7 厘米,约 1/2 露出地面,地上部皮青绿色,表面光滑,地下部白色。肉绿白色,质地脆,含水较少,品质好,适于熟食。生长期 95 天。单株重 750 克。耐贮藏。

青圆脆　产于山东省济南市,肉质根短圆筒形,长 13～15 厘米,直径 10 厘米左右,绿皮绿肉,根形光滑而且美观,单根重 0.5～0.8 千克。质脆味甜,品质佳,适合生食。生长期 90 天左右。一般亩产 3500～4000 千克。

翡翠一号　安徽宿州市地方品种。从颜色上分,有红、青两种,各具特色。红萝卜以质地干脆、水分大、肉红质嫩而别具一格;青萝卜以内外皆青、甘甜爽口在市场上独领风骚。翡翠一号植株株型紧凑,为半直立状。长势强,生长速度快,地上部分形态建成迅速。花叶,羽状全裂,叶梗微绿色、叶片深绿色。肉质根柱形,根长 15～19 厘米,粗 6.5～10 厘米,约 2/3 肉质根露出地面,皮色深绿,入土部分微浅绿色,单根重 400～450 克以上,表面光滑,肉质细密为绿色,口感好,微甜脆嫩,营养成分高、不糠心。耐热、抗病能力强。一般亩产 3000～3500 千克。

翠绿青　山东烟台奇山种业有限公司与有关科研单位共同选育的一代杂交品种,它表现优质、高产、抗病。适宜做菜和生食的水果型萝卜,生育期 80～85 天,单根重 500～1000 克,根 4/5 部分露出地面,肉质密呈青绿色,皮薄,味甜,脆而多汁,耐贮藏,生食味道极佳。亩产量 5000 千克左右。

济南青圆脆　山东省济南市郊区地方品种,在省内有一定栽培面积。叶簇半直立,花叶,全裂。叶深绿色,叶柄绿色。最大叶片长 36 厘米,宽 15 厘米左右。肉质根圆柱形,纵径 18 厘米,横径 8 厘米左右。根地上部长 12 厘米,皮绿色,地上部分皮白色,肉质浅绿色,单根重 600 克左右。中熟,从播种到收获 75～80 天。抗病毒、霜霉病等病害。肉质较致密,脆嫩,微辣,水分多,适于熟食,也可生食,品质较好。

泰安"心里美" 山东省泰安市郊区农家品种,主要在该市郊区种植。叶丛半平展,板叶。叶绿色,叶柄浅绿色。最大叶长 29 厘米,宽 15 厘米左右。肉质根扁圆形,纵径 7.5 厘米,横径 10 厘米左右。地上部长 5.5 厘米,皮绿色,地下部白色,肉紫红色,单根重 400 克左右。中熟,播种到收获 80 天左右。抗病毒病、霜霉病等较弱。肉质致密,脆硬,水分中等,适于生食及熟食,品质较好,耐贮藏。

樱桃萝卜 肉质根有球形、扁圆形、卵圆形、纺锤形、圆锥形等,皮色有全红、全白和上红下白,肉色多为白色,单果重 15 克左右,具有品质细嫩、生长迅速、色泽美观的特点。有板叶型和花叶型,深绿色或绿色。叶柄与叶脉多为绿色,个别有紫红色,上有茸毛。樱桃萝卜脆嫩可口,纤维少,根小,辛辣味淡,可生食、炒食、腌渍和配菜。

雪单 1 号 湖北省农业科学院经济作物研究所选育。属春白萝卜品种,叶簇半直立,裂叶,叶片深绿,成熟时叶片数 18 片左右。肉质根长圆柱形,长 25～30 厘米,横茎 7～10 厘米,白皮白肉,表皮光滑,歧根、须根少,单根重 900 克左右。肉质脆嫩,水分含量较高,生食味微甜,辣味轻,不易糠心,较耐抽薹。一般亩产 4000～5000 千克。适宜湖北省高山栽培和平原地区早春栽培。

雪单 2 号 湖北省农业科学院经济作物研究所选育。属于春白萝卜品种。平原地区 2 月中旬至 3 月中旬播种至采收 70～75 天。叶簇半直立,裂叶,叶色深绿,成熟时叶片数 19 片左右。肉质根长圆柱形,长 30～35 厘米,横茎 5～7 厘米,白皮白肉,皮色较光滑,畸根、须根少,单根重 700 克左右。肉质脆嫩,水分含量高,生食味微甜,辣味轻,不易糠心,较耐抽薹。

成都春不老　四川省成都市农家品种。成都春不老叶丛较直立,板叶,叶片倒披针形,叶面微皱,微反卷,全缘,深绿色,中肋绿色。肉质根近圆球形,长约13厘米,横径约11厘米,皮绿色,入土部白色,肉白色,肉质根入土1/2,单根重约1千克。晚熟,从播种至收获130～150天。生长势强,耐寒力较强。肉质根质地致密,脆嫩多汁,味微甜,不易糠心,品质佳,主要供鲜食。每亩产量约3800千克。

大红袍　北京农家品种,有裂叶和板叶两种类型。裂叶型,肉质根圆形或长圆形;板叶型,肉质根圆形,下部逐渐变尖。大红袍萝卜的皮鲜红色,肉白色。生长期80天左右。耐热,耐贮藏,适合熟食,品质较好。

鲁萝卜1号　山东省农业科学院蔬菜研究所育成的杂交种一代。肉质根圆柱形,入土部分少,皮深绿色,略具白锈,肉翠绿色,质地紧实。生长期75～80天。单根重500～700克,每亩产量4000千克以上。耐贮藏,在北方地区秋季做生食、菜用兼用品种种植。作为生熟兼用品种种植。

鲁萝卜4号　山东省农业科学院蔬菜研究所育成的杂交种一代。鲁萝卜4号叶丛半直立,羽状裂叶,叶色深绿。肉质根圆柱形,入土部分较少,皮深绿色,肉翠绿色,肉质致密,耐贮藏,生食脆甜多汁。单根重500克以上。生长期80天左右。每亩产量4000千克左右。

丰光一代　山西省农业科学院蔬菜研究所育成的杂交种一代。肉质根长圆柱形,长38～42厘米,横径9厘米,约1/2露出地面,表面光滑,出土部分皮绿色,入土部分白色,肉白色,单根重平均2千克。中晚熟,生长期85～90天。耐热,抗病毒病。一般每亩产量5000千克左右。肉质致密脆嫩,味稍甜,含水量略多,品质良好,宜生食、熟食和腌渍用。

丰翘一代　山西省农业科学院蔬菜研究所育成的杂交种一代。肉质根圆柱形,长 28～30 厘米,横径 10 厘米,约 1/2 露出地面,表面光滑,出土部分皮深绿色,入土部分白色,肉浅绿色,单根重平均 1.7 千克。生长期 85 天。耐热,抗病。一般每亩产量 4000～5000 千克。肉质致密脆嫩,味稍甜,含水量略多,品质良好,宜生食、熟食和腌渍用。

武青 1 号　花叶,叶片绿色,主脉淡绿色,株高 40～50 厘米,肉质根长圆柱形,长约 28 厘米,径粗 8～9 厘米,出土部分 4 厘米,肩翠绿色,入土部分白色。品质好,抗逆性强,耐病毒病、产量高。武汉地区 8 月中旬至 9 月下旬之间播种,亩用种量 0.5 千克左右。点播,每穴 2～3 粒籽,株行距 30 厘米×45 厘米,亩产量 4000 千克左右。

灯笼红　我国北方各地区都有栽培。肉质根圆形或扁圆形,皮鲜红色,肉白色,肉质致密,含水分比较少,耐贮藏,单根重约 0.5 千克。

浙大长萝卜　浙江农业大学选育。叶簇半直立,羽状裂叶,叶绿色。肉质根长圆柱形,皮肉白色,表皮光滑侧根少,适于煮熟和加工腌制。根部 1/2 露出地面。"立秋—处暑"播种,11 月收获,生长期 70～80 天。

黄州萝卜　湖北省黄冈市黄州区地方品种,又名斛筒萝卜。叶簇半开展型,花叶,具 8～10 对裂叶。肉质根上小下大底部平,呈斛斗形,故得名。肉质根 1/2 露出土面,皮厚,入土部分淡黄白色,露身部绿白色,肉白色,质紧密,味稍甜,水分少,不易糠心。耐贮藏,适宜煮食和加工。生长期 90 天左右。单株根重 400～600 克。较耐寒,不耐热,抗病毒病弱。

捷如玉　抗热性好,根皮及纯白度表现优秀,耐糠心,耐延迟采收。半板叶半花叶型,45 天以前以板叶为主,45 天以后花叶逐渐变多。耐热,抗病毒病能力强,表皮光滑度好,根皮纯白,没有青头现象。根长一般 25～30 厘米(温度、水、肥、土壤等不良可能会导致根形变短),耐贮运,货架期长,不易变软缩水,卖相好,深受超市供应商喜爱。适合长江以北及黄淮海流域夏秋露地或冷棚种植。

(二)优良出口品种

耐病理想大根　原产日本。较早熟,叶簇半直立,叶色浅绿,深裂叶。株高 40 厘米左右,开展度较小,适于密植,肉质根长圆柱形,长 45～65 厘米,表里均为纯白色,上部较细,中、下部稍粗,尾部尖细,肉质紧密,干物质含量较高,易脱水干燥。从播种到采收 80 天左右。每亩产肉质根鲜重 6000～6500 千克,晾晒脱水后为 1500～2000 千克。对病毒病有一定的抗性。

剑青总太　根上部 10 厘米绿色较深,地下部分纯白、光滑,须根很少,根长 35～40 厘米、根径 8 厘米左右,整齐度好。叶片鲜绿、直立,叶片数较多。播种后 55 天左右可采收。春秋播种亩产肉质根鲜重 5000 千克左右。耐抽薹、耐软腐病。

耐病总太　耐病性强,品质极佳,几乎无空心的青首萝卜。根皮纯白具有光泽,根首为青绿色。直立性较好,生长初期根茎的形状整齐,可以早收。根长 38 厘米,根茎 8 厘米左右。产品一致性强。肉质佳,商品性高。

T-734　根形呈现圆筒状,上下肉质厚,是最佳的盐渍加工用萝卜品种。肉质好,不变色。根长 45 厘米,根径 5 厘米,根重可达 1 千克。根形一致性好。易栽培,抗病力极强。9 月上旬播种,65 天可采收,属早熟品种。

超级春白玉萝卜　来自韩国。叶片少而平展,不易抽薹。根膨大快,根部全白,整齐,长圆形,肉质根光滑,质脆味甜,极少有裂根出现。单根重 1.3～1.5 千克,最大可达 2.5 千克。糠心晚,播种后 55～60 天采收。

雪玉大根 该品种是春萝卜中的极品,品质优,直根通体洁白如玉,肉质细密,不易糠心,口感极佳。抗病、高产、耐抽薹。适宜春季保护地或露地栽培,中早熟,播种后 65～70 天采收。直根重 1000～1500 克,长 28～36 厘米,直径 6～8 厘米,不易出现裂根,鲜食加工均宜。

雪如玉 根长 28～30 厘米,横径 6～8 厘米,单根重 750～1000 克。耐热,高温生长良好。播种后 45 天左右可采收。根皮雪白如玉,表皮光滑根状均匀,顺直,长圆柱形,须根极少。肉质细腻,脆甜可口,适宜鲜食及加工,品质优,商品性好。抗病性、抗逆性好。不易糠心,适宜夏播和露地栽培。

立春大根 耐抽薹春播青头大根,根长 35～38 厘米,根径 6～8 厘米,根重 1.0～1.5 千克。根皮特光滑,有光泽,曲根少,糠心晚,商品性极佳,可加工出口。对细菌性黑斑病及病毒病抗性较强。

北春青 晚抽薹,抗性好,根形美观。初期较抗寒,后期抗热,适宜北方地区晚春、早夏和夏季高山及冷凉地区栽培。叶色深绿,叶数少,适宜密植。播种后 60～70 天采收。根重 0.9～1.2 千克。肉质根上绿下白。抗软腐病和病毒病等。根形美观分叉少,味道佳,特别是做韩国泡菜时风味极佳。

白长龙 不易抽薹,成品率高,适宜高冷地和保护地种植。商品性好,不易糠心。播种后 60 天采收。叶平展开,表皮光滑,肉质清脆。根部全白,长势旺,单根重 1.4～1.8 千克。

白秋美浓萝卜 韩国引进。早熟、高产,品质优,易栽培,根部呈白色,美观,表皮光滑,根长 40～50 厘米,下部收尾好,须根少,单株重 800～1000 克,亩产 5000 千克以上,适合生吃,也是脱水腌制的优良品种。该品种根部生长快,生长周期短,播种后 60 天采收,生产成本低,经济效益可观,是出口创汇的理想品种。

南畔洲晚萝卜　广东省潮汕地区农家品种。广东省、海南省各市、县均有栽培。株高 48 厘米,开展度 56 厘米。叶簇半直立,花叶,长 38 厘米,宽 15 厘米,深绿色,叶背浅绿色,披白色疏毛,叶柄长,青色。肉质根长纺锤形,纵径 33 厘米,横径 9 厘米,露出土面 1/3,皮薄,色白。单根重约 1 千克。晚熟,生长期 90 多天。生长势强。抽薹迟。味甜,纤维少,品质优。熟食或加工制萝卜干及腌渍。

三、优质萝卜的标准与栽培条件

萝卜高产是指在单位面积的土地上所获得高额的商品产量。但是,产量是许多与产量有关联的因素综合起作用的最后结果。例如,品种特性、气候条件、肥水管理与病虫害防治的情况等,都能影响萝卜的品质和产量。

随着人们生活水平的提高和消费习惯的变化,对萝卜肉质根的品质提出了更高的要求。吃萝卜要吃出健康,才能引起人们对萝卜的喜爱。因此,种植萝卜不仅要求产量高,而且还要求品质优良。

(一)优良萝卜的标准

1.商品品质

萝卜商品品质主要根据以下几个方面进行鉴定。

(1)外形。萝卜商品品质的外观表现,与当地人民的长期食用习惯与栽培方式有密切关系。如春萝卜,多数地方要求萝卜肉质根为长圆筒形,单株肉质根重 100 克左右;有的地区喜食小型圆球形的四季萝卜。而夏秋萝卜,不论南方或北方,均以长圆筒形或圆筒形为主。

(2)色泽、鲜度和均一性。萝卜色泽主要是指萝卜肉质根的皮色与肉色。春萝卜,其根皮全红色,表面光滑,根肉为白色。也有的地区喜食白皮白肉的春萝卜。生食萝卜,人们多习惯食用皮为绿色,根肉为淡绿色或绿皮红心的萝卜,如"心里美"类型的萝卜。天津卫青则为绿皮淡绿色肉,有的地区也喜欢吃。

萝卜的新鲜程度,主要是指萝卜肉质根是否脆嫩和有无光泽。光泽度高,质地脆嫩者,为具有高鲜度和优良品质,普遍受到人们的欢迎。肉质根外部有无泥土或其他外来物的污染,表现出该萝卜商品的清洁度。清洁度的高低,也影响人们对萝卜的色泽、鲜度的反应和感觉。

均一性是指整个商品群体在形状、肉质根大小、色泽等方面是否整齐一致,并且无叉根、歧根等。均一性高的商品,说明其品种整齐,管理水平高,出售的价格也高。

(3)无病虫害和机械损伤。有病虫害或机械损伤的萝卜肉质根,严重影响其品质,甚至有时会使其丧失商品价值。贮运条件的优劣,对萝卜肉质根的商品价值会产生直接的影响。贮运条件好,萝卜不发生质变和损伤,其商品价值就不会降低。

2.营养品质与风味品质

主要根据口尝鉴评与生化指标测定结合进行,增强选择的力度。

(1)营养成分的高低。是指糖类、维生素类、碳水化合物、水分、无机盐及纤维素的多少,这些营养成分含量高或者适当者,则其营养品质好,商品价值高,就会受消费者欢迎。

（2）生食萝卜的风味品质。该项标准主要以还原糖、维生素 C、淀粉酶及干物质等成分的比例是否协调作为鉴评萝卜品质的生化指标，以补充口尝鉴评的不足。口感是指以萝卜肉质根甜味的浓淡及有无异味（苦味）等来鉴评。口感好的萝卜，其品质自然较高，商品价值也高。

此外，对加工用的萝卜类型，其优良品质的要求是，肉质根组织致密，含水分少，干物质含量较高，并以白皮白肉的品种为宜。

（二）获得高产优质萝卜的主要条件

要想在种植中获得高产、优质的萝卜，必须具备一定的条件。

1. 选用优良品种

目前，萝卜品种来源有以下四个渠道。

一是农家品种。它是经各地多年栽培，长期适应当地气候、土壤条件和群众的食用要求而保留下来的地方品种。因此，它常具有某些特殊的优良性状，虽然已经种植多年，但至今仍受到消费者的欢迎，例如，北京的"心里美"萝卜、天津的卫青萝卜等。这些品种之所以多年栽培而不衰，其原因是它们有较好的性状、优良的品质和耐贮藏等优点。但由于它们未经严格的选育工作，因此为复杂的混合基因控制，表现为群体的均一性差，个体间的差异较大，根形不整齐，以致在一个品种中出现两个以上的类型。所以，在生产中播种农家品种时，要注意去杂去劣，提高其商品性。

二是采用常规育种（也称杂交育种）方法培育出的新品种。它们是通过具有不同遗传类型和品种之间进行有性杂交，有目的地把亲本品种的优良性状结合在杂交种后代里，进一步选育出符合生产需要、兼有亲本优良性状的新品种。例如短叶十三,就是由广东省白沙原种场育成的早熟、丰产、优质、适应性广的优良品种。

三是杂交种一代的利用。20世纪70年代初期以来,已培育出10个不同类型的雄性不育系及保持系,并育成推广了15个杂交种一代,推广面积达2.67万余公顷。因此,杂交种一代逐渐代替了不少地方品种和常规品种。杂交种一代是由两个遗传性不同的亲本杂交后产生的杂交种第一代(F_1),在生长势、生活力、抗逆性、产量和品质等方面都优于亲本。如鲁萝1号、鲁萝4号等均属于杂交种一代。

四是从国外引种。近年来,国内栽培的樱桃萝卜(袖珍萝卜)大多从日本、德国引进。樱桃萝卜以体积小、便于生食、外观小巧美观而备受消费者青睐。

2. 良好的栽培条件

在选用优良品种的基础上,栽培条件的优劣对萝卜肉质根的商品品质和营养品质有很大的影响。因此,要获得优质高产萝卜,就必须为萝卜生长创造良好的栽培条件。

(1)适时播种。萝卜的播种期是比较严格的,特别是在北方,种植秋萝卜尤为严格。播种过早则病害感染严重,而且生理衰老表现突出,肉质根易糠心,不耐贮藏;播种过晚,萝卜肉质根生长速度慢,影响其产量。选择好适宜的播种期,是获得高产、优质萝卜的重要环节。

(2)适宜的种植密度及提高肉质根的均一性。萝卜的产量是由单位面积中的株数与单株重量所构成的。当种植密度过大时,单位面积上萝卜的株数增多,但是单株的重量下降,从而造成萝卜肉质根质量的降低和总产量的下降。因此,种植萝卜一定要根据其品种特点、土壤肥力、管理水平等综合条件,确定合理的群体结构,才能既有利于总产的提高,又有利于个体质量的改善。同时,要求萝卜肉质根大小株要均一;如果大小株不整齐,会直接影响萝卜肉质根的商品品质。所以,播种前要整好土地,并具备良好的排灌系统,以保证均匀浇水及排水。特别是在间苗和定苗时,要严格把关,保证田间留苗的营养面积均一,植株健壮且大小一致。

(3)科学施肥和及时防治病虫害。合理施入有机肥和适量的化肥,对萝卜肉质根的生长至关重要。待萝卜肉质根"定橛"后,应结束蹲苗,加强肥水管理,适时追肥,以利于萝卜肉质根的充实和膨大。这是因为供应氮肥可以促使合成氨基酸、蛋白质等物质,有利于细胞的分裂和生长,并有利于生长激素的增加,这对于肉质根的膨大有良好的促进作用。在肉质根的生长盛期,要注意增加钾肥和磷肥的施用,以保证萝卜产量和质量的提高。

此外,及时防治病虫害是保证萝卜高产、优质不可缺少的措施。防治病虫害,必须采用农业综合防治措施,并辅之以药剂防治措施,使萝卜肉质根避免或减少农药的污染,提高萝卜的商品品质。

(4)良好的贮运条件。这是保证萝卜产品供应市场的重要条件。尤其是在北方地区,萝卜是供应时间较长的蔬菜,其贮藏条件更为重要。在萝卜收获后,要采用各种贮藏手段,使其在一定时间内陆续供应市场。还要有良好的包装设备,使其产品质量不受影响,才能获得较高的经济效益。

第四章　萝卜种植制度

一、种植季节

萝卜的种类和品种繁多,各有不同的适宜种植季节,但由于共同有生长期较短,适应性强的特点,栽种萝卜互相搭配,通过不同的生产方式,种植形式,茬口搭配以及贮藏措施等,可以实现四季生产,周年供应,满足人民生活的需要。不仅如此,其中任何一种萝卜,采取保护地栽培措施,也可以实现四季栽培,这就是要采取超出正常季节种植的所谓反季节种植。但是应当考虑到在反季节种植时,需要一定的保护地设施,成本较高,而产量又较低,因此,必须根据市场的需要,价格合适,有一定的经济效益,在生产上才能适当采用和发展。

(一)种植季节安排的基本原理

萝卜为半耐寒性蔬菜,种子在 $2\sim3℃$ 时开始发芽,适温为 $20\sim25℃$。幼苗期能耐 $25℃$ 左右的较高温度,也能耐 $-3\sim-2℃$ 的低温。根据萝卜生长发育期对温度的不同要求,按照当地气候条件选择最适宜萝卜生长,尤其是适于肉质根膨大的时期来种植萝卜。这是安排种植季节的主要依据。

萝卜叶丛生长的温度范围比肉质根生长的温度范围要广些,为 $5\sim25℃$,生长适温为 $15\sim20℃$;而肉质根生长的温度范围为 $6\sim20℃$,适宜温度为 $18\sim20℃$。所以萝卜营养生长期的温度以由高到低为好,前期温度高,出苗快,形成繁茂的叶丛,为肉质根的生长奠定基础。此后温度逐渐降低,有利于光合产物的积累和储存,当温度逐渐降低到 6℃ 以下时,植株生长微弱,肉质根膨大已渐趋停止,即至采收期。当温度在 −1℃ 以下时,肉质根就会受冻。此外,不同类型的品种,能适应的温度范围有差异,例如四季萝卜与夏秋萝卜类型,肉质根生长能适应的温度范围较广,为 6～23℃。根据这个规律,我们就可以将不同类型的品种安置在不同的季节中栽培,也可以将不同类型的品种安排在不同地区栽培,以达到周年生产,周年供应。

(二)种植季节选择

萝卜的种植季节在不同地区差异很大。秋冬萝卜为我国萝卜种植的主要茬次,种植面积大,适于种植的品种多,产量高,品质好,供应期长。其他季节生产主要在于调节市场供应。长江流域以南,四季均可栽培;北方大部分地区可春、夏、秋三季种植;东北北部一年只能种一季;华南地区各季都可以栽培。近年来,随着保护地栽培的发展,通过大棚、小棚和地膜覆盖,使华北地区也可以周年栽培萝卜。我国主要地区萝卜的种植季节如表 1 所示。

表 1　我国主要地区萝卜的栽培季节

地区	萝卜类型	播种期	生长天数/天	收获期
上海	春夏萝卜	2月中旬—3月下旬	50～60	4月上旬—6月上旬
	夏秋萝卜	7月上旬—8月上旬	50～70	8月下旬—10月中旬
	秋冬萝卜	8月中旬—9月中旬	70～100	10月下旬—11月下旬

萝卜生态健康栽培技术

地区	萝卜类型	播种期	生长天数/天	收获期
南京	春夏萝卜	2月中旬—4月上旬	50~60	4月中旬—6月上旬
	夏秋萝卜	7月上旬—7月下旬	50~70	9月上旬—10月上旬
	秋冬萝卜	8月上旬—8月中旬	70~110	11月上旬—11月下旬
杭州	冬春萝卜	9月上旬—10月上旬	90~120	12月—翌年3月
	夏秋萝卜	7月上旬—8月上旬	50~60	8月下旬—10月上旬
	秋冬萝卜	9月上旬	70~80	11月—12月
武汉	春夏萝卜	2月上旬—4月上旬	50~60	4月下旬—6月上旬
	夏秋萝卜	7月上旬	50~70	8月下旬—10月中旬
	秋冬萝卜	8月中旬—9月上旬	70~100	11月上旬—12月下旬
重庆	冬春萝卜	10月下旬—11月中旬	100~110	2月中旬—3月
	夏秋萝卜	7月上旬—8月上旬	50~70	9月中旬—10月上旬
	秋冬萝卜	8月下旬—9月上旬	90~100	11月—翌年1月
贵阳	冬春萝卜	9月中旬	120	翌年2月中下旬
	夏秋萝卜	5月—7月	50~80	6月下旬—9月
	秋冬萝卜	8月中旬—9月上旬	90~110	11月中旬—12月
长沙	冬春萝卜	9月—10月上旬	140	翌年2月—3月
	夏秋萝卜	7月—8月	40~60	8月中旬—10月
福州	秋冬萝卜	8月下旬—9月	100	11月—12月
	冬春萝卜	9月上旬—11月上旬	90~140	翌年1月—3月上旬
	秋冬萝卜	7月下旬—9月上旬	60~80	9月下旬—12月
南宁	冬春萝卜	10月下旬—11月上旬	90~100	翌年2月上旬—3月下旬
	夏秋萝卜	7月下旬—8月上旬	70~80	9月下旬—10月下旬
	秋冬萝卜	8月下旬—9月中旬	70~90	11月上旬—12月中旬

续表

地区	萝卜类型	播种期	生长天数/天	收获期
广州	冬春萝卜	10月—12月	90～100	翌年1月—3月
	夏秋萝卜	5月—7月	50～60	7月—9月
	秋冬萝卜	8月—10月	60～90	11月—12月
河北	秋冬萝卜	7月下旬—8月上旬	90～100	11月上旬—11月下旬
山东	秋冬萝卜	8月上旬—8月中旬	90～100	10月下旬—11月上旬
	春夏萝卜	3月下旬—4月上旬	50～60	5月上旬—6月上旬
云南	冬春萝卜	10月—11月；11月—翌年2月	90；90～120	翌年1月—2月；3月—5月
	夏秋萝卜	4月—7月；6月—8月	60～70；60～90	5月—9月；8月—11月
	秋冬萝卜	8月—10月	70～90	10月—翌年1月
哈尔滨	秋冬萝卜	7月中下旬	90～100	10月上中旬
长春	秋冬萝卜	7月下旬	80	10月中旬
沈阳	秋冬萝卜	7月下旬—8月上旬	80～90	10月中下旬
乌鲁木齐	秋冬萝卜	7月下旬—8月上旬	80～90	10月中下旬
呼和浩特	秋冬萝卜	7月中旬	80	10月上旬
兰州	秋冬萝卜	7月下旬	90	10月下旬
西安	秋冬萝卜	7月底	110	11月上中旬
太原	秋冬萝卜	7月中下旬	110	10月下旬
北京	秋冬萝卜	7月中下旬	90～100	10月中下旬
郑州	秋冬萝卜	8月中下旬	90～110	11月上旬—11月中旬

注:引自汪隆植,2005;张彦萍,2012。

二、间作、套作、混作

（一）间作

在同一土地上，同时种植两种以上作物，各种作物相间种植，称为间作。蔬菜的间作有隔行与隔畦间作两种形式。萝卜由于行距小，而且青、白萝卜又均实行高畦栽培，隔行间作有困难，可以实行隔畦间作。如春水萝卜可以和小架番茄隔畦间作，可以减少水萝卜病虫害的蔓延，也有利于番茄通风透光。

（二）套作

在一种作物的生长前期或后期，利用畦（行、垄）间种植其他作物称为套作。如菜花套种萝卜，萝卜出苗后，3月下旬栽菜花，菜花长大后萝卜已收获，二者互不影响，但土地却得到充分利用。

（三）混作

两种作物混合播种并混合生长在一块土地上称混作。如春萝卜和春菠菜混种；春萝卜和小白菜混播，混合在一个畦内生长；同样管理、同时收获。这种方法好处不多，生产上也很少采用。

在实行间、混、套作时，应该注意要和生产条件相适应，在劳力少、肥料不足的情况下不宜提倡，以免影响主菜的产量。另外在间、混、套作时应注意蔬菜的种类和品种搭配，一般来说生育期长的与生育期短的相配合；植株高的与植株短的相配合；株型直立与株型开张的相配合；深根与浅根相配合；喜光与耐阴相配合等等都能收到良好效果。同类同科属的蔬菜最好不要间、混、套作。

三、轮作、连作

轮作就是按一定的计划,将土地分为若干区,在若干年内按一定顺序轮换栽培不同的蔬菜,合理地换茬,这样既可以合理地利用土地,又不影响各种蔬菜的生长,还可以减少病虫害发生。

连作是在同一块土地上连续栽培同一作物。对萝卜来讲,各种萝卜相互接茬,均可视为连作。

连作对各种作物都有不良的影响,因为每种作物都会分泌出一种物质残留在土壤中,这种物质对其他作物没有什么不良的影响,但对本作物则有抑制作用,对萝卜来讲也是同样,各种萝卜互相接茬时,上茬萝卜的分泌物质会影响下茬萝卜的生长,而且上茬萝卜的病虫害还会传给下茬萝卜。同时实行连作,吸收土壤养分种类及数量相仿,有可能造成土壤中营养成分失调,出现某种养分缺少,影响正常生长或获得高产。因此,在萝卜种植的安排上,应当尽量防止连作,多搞轮作换茬。轮作应当掌握以下原则:

第一,深根性蔬菜(如茄果类、豆类蔬菜)和浅根蔬菜(如葱蒜类、叶菜类)轮作,以利用不同土层中的养分。

第二,需氮较多的蔬菜(如叶菜类蔬菜)和需磷较多的蔬菜(如果菜类蔬菜)等轮作,以充分利用土壤中不同成分的养分。

第三,轮作时,可先安排需氮较多的叶菜类蔬菜,其次安排需氮较少的根菜类蔬菜,这样前茬多余的养分可供应后茬用。薯芋类生长后期需要培土,容易破坏土壤结构,应当放在最末茬。

为了接茬合理,必须注意萝卜的前茬蔬菜和后茬蔬菜,在安排萝卜茬口时,应考虑到萝卜侧根不发达、吸收范围较小、生长期较短、需肥量最大的特点。依据上述原则,前后兼顾,做好搭配,才能做到全年丰收,获得更大的经济效益。

四、茬口安排

(一)生产季节茬口

1. 秋冬茬口

秋冬萝卜栽培茬口以瓜类、茄果类、豆类为宜,其中尤以西瓜、黄瓜、甜瓜等较好。刚种过十字花科蔬菜的土地易生病虫,不宜选用。在农村及远郊区的季节性菜地上种植萝卜则宜选用水稻、玉米等为前作。一些萝卜主产区通过长期的生产实践,形成了一套较好的栽培制度。例如,在江苏省常州市武进区新闸镇,新闸萝卜的栽培是二年五熟轮作制,即小麦→水稻→萝卜→大麦→大豆→小麦。杭州郊区一带的萝卜产区,则多以瓜类与茄果类为萝卜的前作。江苏省宜兴市太湖沿岸萝卜产区则以套作的方式,采用二年六熟制,即在秋末先种百合,翌年春季在百合行间套种西瓜,西瓜收获后种萝卜,萝卜收后种大麦,大麦行间套种芋头,芋头收后再种萝卜。秋冬萝卜在长江流域中下游的茬口类型较多。

2. 夏秋茬口

随着农业生产的发展,萝卜品种类型的增加,栽培方式的改进,特别是保护地种植的发展给萝卜生产带来了更大的空间,在长江中下游各省,萝卜种植前、后茬的类型很多。不仅在不同季节与不同的蔬菜间轮、套作,还与花卉、粮、棉间、套作,这种变化从过去仅为前、后茬作物生长有利转变成前、后茬搭配恰当,除有利于各茬作物生长,还可获得较高的经济效益。夏秋萝卜,如杭州的小沟白萝卜、湖北的亮白萝卜、南京

的五月红及南农的中秋红萝卜等,这些品种都在 6—7 月播种,8—9 月收获,其前作多为洋葱、大蒜、早四季豆、早毛豆、早甘蓝及春马铃薯等,其后作则为大白菜、菠菜、莴苣等秋冬菜或越冬菜。

3.冬春茬口

冬春萝卜栽培最好避免与秋菜花、秋甘蓝、秋萝卜等十字花科蔬菜接茬。应选择耐寒性强、叶簇直立、植株矮小、生长期短、适应性强、抗抽薹的丰产品种。目前适宜的品种多为白皮白肉萝卜和淡绿皮萝卜。整地、做畦等准备工作均在年前进行。秋茬作物收获后,于立冬至小雪期间,对土地进行冬耕,耕深为 20 厘米左右。为了保证土壤能吸收充足的水分,以利于春季播种,最好在封冻前浇 1 次水。冬春萝卜栽培在秋末冬初播种,保护地或露地越冬,春季采收,是我国华南和西南地区主要采用的栽培类型。栽培品种主要选择耐寒性强、生长期较长的晚熟品种。

4.春夏茬口

春夏萝卜的前作一般为越冬菠菜、芹菜和青菜,后作为豇豆、晚毛豆和菜秧等。在江苏省南京地区,春夏萝卜也与韭菜进行间作,例如,五月红萝卜种在韭菜行间,早春韭菜第一茬割完后,在五月红出苗时,韭菜长得还较矮,不会妨碍萝卜的生长。韭菜长高时,五月红萝卜已生有 3～4 片真叶,这时可以进行间作,每穴留苗 1 株。在五月红萝卜生出 5～6 片真叶时,韭菜第二茬即可以收割了。五月红萝卜播种后,经 50 多天成熟收获时,韭菜又已长高。这样既可充分利用土地,又能获得较高的经济效益,而且病虫害发生也少。

(二)土地利用茬口

蔬菜土地利用茬口是按土地利用来安排茬口。由于各地的气候条件差异很大,土地利用茬口类型繁多,现仅就我国部分地区的情况归纳为以下几种类型。

一年一茬。我国的东北北部、内蒙古及西北部分地区,无霜期短,夏季气候温和,一年只种一茬蔬菜,如番茄、甘蓝、茄子、萝卜、洋葱、马铃薯等。

一年两茬。主要在华北部分地区、东北地区南部,一年可种两茬蔬菜,如早熟甘蓝、番茄、洋葱、大蒜—萝卜、甘蓝、大白菜等。

一年三茬。华北地区、淮河流域等地,在一年两大茬基础上,早春再加上一茬生长期较短的耐寒性蔬菜或在春秋菜两茬间增加一茬速生菜。如春季的小白菜、小萝卜(四季萝卜)—黄瓜、番茄、茄子—大白菜、甘蓝、萝卜、芹菜等。

两年三茬。主要在我国东北地区中南部,两年可种三茬蔬菜,如越冬菠菜或葱—茄子或萝卜—越冬菠菜等。

一年四茬。主要在长江流域、淮河流域,一年可种四茬蔬菜,如菠菜—四季豆—早秋白菜—晚秋白菜;又如小萝卜(四季萝卜)—笋瓜—早花椰菜—白菜或菠菜;二月白菜—菠菜—早毛豆—秋冬萝卜。

一年多茬。主要在华南地区、西南地区,一年可种多茬蔬菜,如白菜—小萝卜(四季萝卜)—四季豆—小白菜—大白菜—冬春萝卜;又如高蒿—四季豆—伏萝卜—早秋白菜—黄瓜。

(三)茬口安排的原则

不管是季节茬口,还是土地利用茬口的安排都要因地制宜,合理利用自然气候条件。同时根据不同萝卜品种对温度、光照的要求,安排与气候相适应的生长期,还要考虑前后茬作物种类,尽量不是同科同属,以防止病虫害流行,以及综合利

用土壤肥力和矿物元素等。

1. 因地制宜的原则

就是要根据当地的气候条件,无霜期的长短,最低、最高温度,全年降水量的分布及地势和地理位置等情况,安排不同的类型品种。如东北地区北部和西北部分地区的无霜期很短,露地栽培萝卜,只能在无霜期种植一季。

2. 避免同科同属作物重茬的原则

有相同的病虫害,如十字花科蔬菜共患的三大病害:病毒病、霜霉病、软腐病,常常是由相同的病原菌引起的,可以互相侵染,所以在栽培上要通过轮作切断侵染循环,减少病害的发生,同时,同科同属蔬菜还有相同的虫害,有共同的寄主,若重茬种植常常导致虫害加重。此外,同科同属的蔬菜对某些营养元素和矿物质需求相似,在同一块菜地上重复种植会引起某些元素的缺乏,影响萝卜正常的生长和质量。因此,萝卜和不同科属的蔬菜轮作可以减少病虫害的发生。如前茬为葱蒜类,后茬栽培十字花科的萝卜有明显抑制病害发生的效果。前茬为豆科作物,有固氮作用,而使土壤肥力提高;前茬为葱蒜类,由于是浅根系蔬菜,对土壤养分吸收能力弱,使得土壤比较肥沃,这两类茬口农民都称为"肥茬",这类茬口栽培萝卜都有利于提高产量和质量。

3. 水旱轮作、大田作物与萝卜轮作的原则

由于水田栽培和旱田栽培处于两种完全不同的土壤耕作系统,土壤中的微生物种类也大不一样。水田往往是以无氧呼吸的厌氧细菌群落为主,而旱田栽培以有氧呼吸的好气性细菌、真菌群落为主。通过水旱轮作,可以阻断病原菌的侵染循环,切断害虫的寄主,杀死虫卵,达到防止和减少病虫害的发生。水旱轮作还可以相对提高土壤肥力。

第五章　萝卜生态健康栽培技术

一、春萝卜生态健康栽培技术

(一)春萝卜露地生态健康栽培技术

春萝卜露地栽培,因前期温度低。易于通过春化阶段而发生先期抽薹,因此,防止发生先期抽薹是春萝卜栽培的中心环节。

1.品种选择

由于春萝卜较易抽薹,所以多选择冬性强、低温生长快、品质好、抗病性强的品种。目前各地较多选择春白玉、白玉春、春萝卜 9646 和长春大根等品种。

2.适期播种

因萝卜种子萌动后就能接受低温影响而通过春化阶段,为避免春萝卜发生先期抽薹,适期播种十分重要。根据萝卜通过春化阶段最适低温为 2~4℃的情况,为减少低温的影响,春萝卜适期播种的依据应是地表 10 厘米地温稳定在 8℃以上,夜间最低温度不宜低于 5℃。

南方地区的播种时间范围较宽,在 12 月至第二年 2 月播种均可;北方一般在露地化冻之后,华北地区大约 3 月上、中旬;东北、西北北部在 3 月下旬至 4 月上旬播种。

3.合理密植

春萝卜个体小,生长期短,要获得较高的产量,必须十分注意合理密植。做平畦种植春萝卜,行距为 20~25 厘米,株距 15 厘米左右;间作时,株距为 12～15 厘米。出苗后,于破心时进行第一次间苗,苗距 2～3 厘米。2～3 片真叶时进行第二次间苗,苗距 6～7 厘米。4～5 片真叶时定苗,定苗宜早不宜迟。

4.肥水管理

春萝卜生长前期,地温低是限制春萝卜生长的重要因素,因此,苗期应尽量晚浇水,可中耕 1～2 次,疏松土壤,提高地温以促进根系发育。因春萝卜叶片旺盛生长和肉质根生长膨大基本上是相继进行,故应早行追肥,可于定苗后每亩施硫酸钾复合肥(含量 15－15－15)50～75 千克,生物有机肥 200 千克,钙镁磷 50 千克,硼肥 1 千克,随即浇水。以后,要及时供给水分,保持地面湿润,既利于春萝卜肉质根的膨大,又可防止发生糠心。

5.病虫害防治

主要病害有黑腐病、霜霉病和病毒病等。主要害虫有黄曲条跳甲、蚜虫、小菜蛾、菜青虫、斜纹夜蛾、烟粉虱。选用抗病品种,实施轮作制度,采用深沟高畦,合理密植,清洁田园等农业防治;采用黄板和杀虫灯诱杀等物理方式。菜青虫等可用赤眼蜂等天敌防治。宜使用植物源农药如苦参碱、印楝素等和生物源农药如农用链霉素、新植霉素等生物农药防治病虫害。

6.适时收获

目前采用的春萝卜品种生长期较为严格,耐老化和耐储性较差。肉质根膨大后若延缓收获极易发生糠心,降低商品价值。所以进入肉质根膨大期,一要注意保持土壤湿润,二要注意经常检查,当肉质根已充分膨大而又未发生糠心时,及时收获。

(二)春萝卜双膜覆盖生态健康栽培技术

春季萝卜栽培中易出现的最大问题是未熟抽薹,采用设施栽培,提高萝卜生长的环境温度是解决这一问题的有效方法。其中采用双膜覆盖又是简单而有效的手段之一。其主要栽培技术要点如下。

1.品种选择

品种选择要求除与春季露地栽培的要求相同外,还要求耐低温弱光、耐高湿。长江流域地区通常选择玉园春萝卜、韩国进口的白玉春和日本大根萝卜等品种。

2.整地、施肥、做畦

根据春萝卜生长期短、肉质根入土较深、产量高的特性,选择肥沃、疏松、深厚、排水良好的沙壤土种植,且前茬作物施肥多、耗肥少,土壤中遗留有大量肥料的地块种植更好。但不能与十字花科蔬菜连作。提前深耕晒地,并用石灰消毒,然后打碎耙平,这是春萝卜丰产的主要环节。早深耕晒地冻土有利于土壤风化,消灭病虫害。打碎耙平,有利于萝卜肉质根向下生长。结合翻地每亩施入石灰150千克对土壤消毒,预防土壤病害发生,也可改良土壤。每亩施硫酸钾复合肥(含量15—15—15)50～75千克,生物有机肥200千克,钙镁磷50千克,硼肥1千克;生产上施肥应避免偏施氮肥,重视磷、钾、硼、镁肥优化施用。采用深沟高畦栽培沟深30厘米,畦面净宽140厘米。整平畦面,使土粒细碎均匀。采用穴施基肥的肥上再盖0.5厘米厚的土,将肥料与种子隔开,再整平畦面,然后覆地膜保温待播种。

3.适期播种

春萝卜双膜覆盖栽培在长江流域地区的播种适期是2月中旬至4月上、中旬。一般采取开穴直播,株距25厘米,行距

40厘米,每亩6000株左右。播种时浇足底水,每穴播2粒种子,以备日后缺苗时补苗之用。播种后覆盖0.5厘米厚的细软土。这样底水足,表土疏松,幼苗易出土。如果盖籽土过浅,出苗后易倒伏,胚轴弯曲,将来根形不直;过深则影响出苗速度与健壮,还影响肉质根的长度。注意盖土后不能再浇水,否则土壤易板结,影响出苗。播种后覆盖地膜,地膜上再盖5厘米厚的稻草保温,促进种子发芽出苗。

4.田间管理

(1)扣小拱棚。萝卜播种后5天左右齐苗时撤去地膜上的稻草并在出苗部位用刀片破膜,将苗引出膜外,然后用土围苗封口。所谓双膜覆盖就是在这时候再插架搭盖小拱棚,以防寒保温,促使幼苗破心。

(2)温度管理。春萝卜生长的适宜温度为10~25℃,持续5℃左右低温时可通过春化、抽薹、开花。因此,早春气温低,应尽量密闭小拱棚,保持较高温度。遇低温寒流天气还应在小拱棚上加盖防寒被或草帘等,保持小棚内温度白天20℃左右,夜间10℃以上,严防冷害,避免春化,促进叶片生长,但早晚要通风换气。进入生长中后期气温逐渐升高,应注意通风降湿。白天保持20~25℃,夜间15℃左右,以促进肉质根迅速膨大。进入肉质根膨大期,当外界的气温稳定通过15℃时,撤去小拱棚,以降低温度,满足肉质根生长15~20℃的适温。若拱棚内出现30℃以上高温,不利于肉质根膨大,还会诱发软腐病等病害,应随时揭膜通风降温排湿。

(3)水分管理。春萝卜叶面积大而根系较弱,耐旱力差,需适时适量供给足够的水分保持土壤湿润。尤其在根部发育时,土壤缺水则会使根部瘦小、粗糙、木质化、辣味增加,易空心而降低品质;但水分过多,叶部徒长,肉质根的生长量也会受影响,且水多易引起病害。因此需根据情况进行合理灌溉。一般在幼苗破肚前要少浇水,以抑制浅根生长,使直根深入土层。地膜覆盖一般较少浇水,从破肚起进入叶部生长盛期,这时根部也逐渐肥大,需水量大,可适当增加浇水次数。

(4)追肥。春萝卜生长期短,以施足基肥为主,追肥应早施。一般在定苗后追第一次肥,每亩追尿素 10~15 千克,如果长势弱,可增加追肥量 5 千克左右。

(5)病虫害防治。主要病害有黑腐病、霜霉病和病毒病等。主要害虫有黄曲条跳甲、蚜虫、小菜蛾、菜青虫、斜纹夜蛾、烟粉虱。选用抗病品种,实施轮作制度,采用深沟高畦,合理密植,清洁田园等农业防治;采用黄板和杀虫灯诱杀等物理方式。菜青虫等可用赤眼蜂等天敌防治。宜使用植物源农药如苦参碱、印楝素等和生物源农药如农用链霉素、新植霉素等防治病虫害。

(三)早春塑料中小拱棚萝卜生态健康栽培技术

1.品种选择

春萝卜早熟栽培,选好品种是成功的关键,可选用韩国的大棚大根、白玉春等品种。

2.扣棚暖地、整地施肥

结合翻地每亩施入石灰 150 千克对土壤消毒,预防土壤病害发生,也可改良土壤。每亩施硫酸钾复合肥(含量 15-15-15)50~75 千克,生物有机肥 200 千克,钙镁磷 50 千克,硼肥 1 千克;生产上施肥应避免偏施氮肥,重视磷、钾、硼、镁肥优化施用。

华北地区 2 月中旬。东北和西北地区 3 月上旬就可以扣棚暖地。中小拱棚的棚高 1.0~1.5 米,宽 1.3 米,一般采用竹竿或竹片作为拱杆,聚乙烯棚膜,并用压膜线固定。扣棚后

10～15 天后播种。

3. 播种

一般播种前 3～4 天浇水造墒,待墒情适中、土壤不黏时即可播种。一般行距 30～40 厘米,株距 30 厘米。

4. 间苗、定苗及中耕松土

萝卜出苗后及时中耕松土提高地温,促苗早发。2 片子叶展平时及时间苗,每穴留 2 株,除去多余的弱苗,防止拥挤生长不良。2 片真叶时进行定苗,每穴留单株。

5. 田间管理

(1)温度管理。以增温为主,棚内温度保持在 25℃左右,温度高时放风降温。5 月初去掉棚膜转为露地栽培。

(2)肥水管理。萝卜浇水以保持地皮不干、土地湿润为度。早春季节温度低,棚内湿度又大,所以生长前期不宜浇水太多,生长后期可结合追肥浇水。萝卜长到一定大小,高温到来前及时收获。

(3)病虫害防治。主要病害有黑腐病、霜霉病和病毒病等。主要害虫有黄曲条跳甲、蚜虫、小菜蛾、菜青虫、斜纹夜蛾、烟粉虱。选用抗病品种,实施轮作制度,采用深沟高畦,合理密植,清洁田园等农业防治;采用黄板和杀虫灯诱杀等物理方式。菜青虫等可用赤眼蜂等天敌防治。宜使用植物源农药如苦参碱、印楝素等和生物源农药如农用链霉素、新植霉素等防治病虫害。

(四)早春塑料大棚萝卜生态健康栽培技术

早春利用大棚栽培萝卜,多利用边缘较矮的空间,既合理地利用了低矮的空间,提高了大棚的利用率,又可获得优质的萝卜,供应春夏蔬菜市场。

1. 品种选择

早春由于气温较低,易使萝卜先期抽薹。因此,宜选用冬性强、对春化要求严格的品种,如春白 2 号、大棚大根、白玉春或扬花萝卜等。

2. 整地、施肥、做畦

大棚内要及早深耕多翻,解冻前 7～10 天更好,以利疏松土壤。结合耕地,每亩施腐熟的有机肥 3500 千克、高效复合肥 40 千克、生物钾肥 2 千克、草木灰 100 千克。并要求整地达土壤疏松、畦面平整、土壤细碎均匀。

3. 播种、定苗

根据市场行情和地区气候确定播种期,一般地温需稳定在 8℃以上。长江流域地区 12 月中旬即可播种;北方地区则可在 2 月下旬至 3 月上旬分期播种。如果以萝卜为主栽培,一般做成小高畦或起垄栽培;如果是利用大棚的边角地块;可采用平畦栽培。株行距大约 30 厘米。播种前应将畦面浇透,以利出苗。待土壤不黏时进行穴播,每穴播 2 粒种子。播种后可用地膜覆盖保湿增温,齐苗后及时揭去,以防高温窜苗。遇有阴雨低温天气,适当推迟揭地膜。出苗后间苗,每穴留 1 株健壮苗。

4. 田间管理

幼苗期正处于最严寒的季节,应尽量少浇水,并可采用大棚内套小拱棚的方法保湿。使棚内尽量不出现 10℃以下的低温,保证幼苗不通过春化或受冻害,并使叶片能够缓慢生长。破肚后结合浇水追施一次人粪尿或速效化肥。以后必须始终保持畦面湿润,切忌干湿不均,引起肉质根开裂。温度逐步提高后,要注意通风降温,白天温度保持在 25℃,夜温 15℃为好,以利肉质根的养分积累和膨大。

5.病虫害防治

大棚萝卜的病害主要是在肉质根膨大期,因高温高湿引起的黑腐病,可通过加强通风降温来预防。虫害主要是蚜虫和白粉虱,采用闭棚熏烟的方法防治效果较好。

(五)早春日光温室萝卜生态健康栽培技术

1.栽培设施

在不太寒冷的地方,一般日光温室即可栽培;在较寒冷的地区如京津及以北地区,要求日光温室保温性好,即用节能型日光温室才能达到萝卜的生长温度。

2.品种选择

首先要求抗寒性好、晚抽薹,其次是产量高、品质好的大型品种,如长春大根、白玉大根、春白玉等。

3.整地、施肥、做畦

温室栽培的白萝卜宜选择土层深厚、排水良好、土质肥沃的沙壤土。整地要求深耕、晒土、细致、施肥均匀。以促进土壤中有效养分和有益微生物的增加,同时有利于蓄水保肥。结合翻地每亩施入石灰 150 千克对土壤消毒,预防土壤病害发生,也可改良土壤。每亩施硫酸钾复合肥(含量 15—15—15)50~75 千克,生物有机肥 200 千克,钙镁磷 50 千克,硼肥 1 千克;生产上施肥应避免偏施氮肥,重视磷、钾、硼、镁肥优化施用。由于白萝卜一般肉质根较长,所以需深耕 30~40 厘米,然后整细耙平,按畦面 80 厘米、宽 30 厘米高做成高畦备用。

4.播种时期

日光温室白萝卜早春栽培的播种时期一般在 11 月下旬至 12 月上旬。选择籽粒饱满的种子在做好的畦面上双行播种,每穴 2 或 3 粒种子,覆土 1 厘米厚,按行距 40 厘米、株距 25 厘米在畦面上点播。

5.田间管理

（1）间苗、定苗。出土后，子叶展平，幼苗即进行旺盛生长，应及早间苗，适时定苗，以保证苗齐、苗壮。第一次间苗在子叶展开时，3片真叶长出后即可定苗。

（2）水分管理。白萝卜定苗后破肚前浇一次小水，以促进根系发育。进入莲座期后，叶片迅速生长，肉质根逐渐膨大，应开始浇水，注意根部迅速膨大期，要保持供水均匀，防止裂根。土壤湿度一般保持在70%～80%。浇水要小水勤浇，防止一次浇水过大，地上部分徒长。

（3）病虫害防治。主要病害有黑腐病、霜霉病和病毒病等。主要害虫有黄曲条跳甲、蚜虫、小菜蛾、菜青虫、斜纹夜蛾、烟粉虱。选用抗病品种，实施轮作制度，采用深沟高畦，合理密植，清洁田园等农业防治；采用黄板和杀虫灯诱杀等物理方式。菜青虫等可用赤眼蜂等天敌防治。宜使用植物源农药如苦参碱、印楝素等和生物源农药如农用链霉素、新植霉素等防治病虫害。

（4）其他管理。温室白萝卜浇水后要及时放风，能有效降低棚内湿度，防止病虫害发生。生长前期，中耕松土3或4次，掌握先深后浅的原则，保持土壤的通透性并能有效防止土壤板结。生长初期的中耕松土还需结合培土，使其直立生长，以免产品弯曲，降低商品性；生长中后期要经常摘除老黄叶，以利于通风透光，同时加强放风，有条件情况下进行挖心处理，利于肉质根的膨大。在3月底至4月初，白萝卜根充分肥大后，即可采收上市，萝卜叶留10～15厘米剪齐，既美观又增加商品性。

二、夏季萝卜生态健康栽培技术

(一)平原夏季萝卜生态健康栽培技术

1. 品种选择

选用耐热性好、抗逆性强的早熟品种,如夏长白美、夏美浓早生 3 号、夏抗 40 等品种。

2. 施足基肥

种植萝卜的土地,宜选择土壤富含腐殖质、土层深厚、排水良好的沙壤土,其前作以施肥多、耗肥少、土壤中遗留大量肥料的茬口为好,如早豇豆等。深耕整地、多犁多耙、晒白晒透。早熟萝卜生长期短,对养分要求较高,结合整地施足基肥。基肥应占总施肥量的 70%,每亩施硫酸钾复合肥(含量 15-15-15)50~75 千克,生物有机肥 200 千克,钙镁磷 50 千克,硼肥 1 千克。萝卜要深沟高畦栽培,畦高 25~30 厘米。

3. 播种育苗

越夏早秋栽培萝卜时,可根据夏秋淡季市场需求从 5—8 月分批播种。播种方式有点播和撒播,可根据品种类型合理选择。大中型品种应点播,株距为 20 厘米,行距为 35 厘米,播种穴要浅,播后用细土盖种;小型品种可撒播,间苗前后保持 6~12 厘米的株距。播种时一定要采用药土(如敌百虫)拌种或药剂拌种,以防地下害虫,同时每亩穴施三环唑 1.5 千克,防治真菌性病害。播种后除盖土外,还可用稻草覆盖畦面,以防晒降暑,暴雨冲刷,减少肥水流失。也可用遮阳网覆盖畦面,利于出全苗。齐苗后要及时揭除,以免压苗或造成幼苗细弱,注意幼苗期必须早间苗、晚定苗。幼苗出土后生长迅速,在幼苗长出 1 或 2 片叶和 3 或 4 片叶时分别间苗一次,幼苗长至 5 或 6 叶时定苗。

4.田间管理

（1）肥水管理。萝卜需水量较多，水分的多少与产量高低、品质优劣关系很大。水分过多，萝卜表皮粗糙，还易引起裂根和腐烂。苗期缺少水分，易发生病毒病。肥水不足时，萝卜肉质根小且木质化，苦辣味浓，易糠心。夏季炎热，日照强烈，田间一般较旱。栽培上要根据萝卜各生长期的特性及对水分的需要均衡供水，切勿忽干忽湿。播种后浇足水，土壤含水量宜在80％以上，保证出苗快且整齐。大部分种子出苗后要再浇一次水，以利全苗。整个幼苗期，土壤含水量以60％为宜，要掌握少浇勤浇的原则。定苗后，幼苗很快进入叶子生长盛期，要适量浇水。营养生长后期要适当控水，防止叶片徒长而影响肉质根生长，植株长出12或13片叶时，肉质根进入快速生长期，此时肥水供应充足，可根据天气和土壤条件灵活浇水。大雨后必须及时排水，防止水分过剩沤根，产生裂根或烂根。高温干旱季节要坚持傍晚浇水，切忌中午浇水，以防嫩叶枯萎和肉质根腐烂，收获前7天停止浇水。

萝卜对养分也有特殊的要求，缺硼会使肉质根变黑、糠心。肉质根膨大期要适当增施钾肥，出苗后至定苗前酌情追施护苗肥，幼苗长出2片真叶时追施少量肥料。第二次间苗后结合中耕除草追肥一次。在萝卜破肚至露肩期间进行第二次追肥，以后看苗长势追肥。追肥时期原则上重在萝卜膨大期以前施用，需要注意的是，追肥不宜靠近肉质根，避免烧根。人粪尿浓度过大，会使根部硬化，一般应在浇水时兑水冲浇，人粪尿与硫酸铵等施用过晚，或施用未经发酵腐熟的人粪尿，会使肉质根起黑箍，品质变劣，破裂，或生苦味。中耕除草可结合灌水施肥进行，中耕宜先深后浅，先近后远，封垄后停止中耕。

（2）病虫害防治。主要病害有黑腐病、霜霉病和病毒病等。主要害虫有黄曲条跳甲、蚜虫、小菜蛾、菜青虫、斜纹夜蛾、烟粉虱。选用抗病品种，实施轮作制度，采用深沟高畦，合理密植，清洁田园等农业防治；采用黄板和杀虫灯诱杀等物理方式。菜青虫等可用赤眼蜂等天敌防治。宜使用植物源农药如苦参碱、印楝素等和生物源农药如农用链霉素、新植霉素等防治病虫害。

（二）高山夏季萝卜生态健康栽培技术

利用高山地区的凉爽气候，种植不耐热的萝卜，既增加了夏季蔬菜的花色品种，又可节约种植成本，也是高山地区农民增收的一条有效途径。下面介绍一些高山地区夏季萝卜生态健康栽培的成功经验。

1. 品种选择

夏季反季节栽培的萝卜品种应具有抗病、耐热、高产、商品性能好等特点。品种选择基本同平原地区的夏季萝卜栽培。

2. 基地选择

萝卜是半耐寒性十字花科作物，高产、喜肥水，对土壤、温度要求较严格。反季节栽培萝卜宜选择海拔高度在 1000 米以上，土壤耕作层深厚、肥沃疏松、光照条件好、排灌方便的沙壤土。

3. 整地施肥

翻耕太浅，影响主根深扎，肉质根容易弯曲、短小、发生叉根。应精细整地，翻耕时清除土中的瓦砾、树根等杂物，翻耕深度为 25 厘米，耕后耙二三遍。做成畦宽 40 厘米、沟宽20 厘米、沟深 20 厘米略呈脊背形的高畦，一般取南北畦向，以利于通风。畦面可覆盖白色、银灰色等反光地膜，以降温、保肥、增墒,同时还能起到防除杂草、免中耕的作用。同时开好排水沟,保证雨后田间不积水。反季节萝卜生长期短,施肥原则上应一促到底,一次性施肥,生长中期不追肥。每亩施硫酸钾复合肥(含量 15—15—15)50～75 千克,生物有机肥 200 千克,钙镁磷 50 千克,硼肥 1 千克;生产上施肥应避免偏施氮肥,重视磷、钾、硼、镁肥优化施用。做好畦后最好进行土壤消毒,每亩用 50% 的敌克松 11 克兑水 50 千克喷洒畦面,进行消毒灭菌和毒杀蛴螬等地下害虫。

4.适期播种

海拔高度在 1000 米以上的山区可在 5—8 月播种,7—10 月收获。播种过早易引起早期抽薹,过晚与秋萝卜拉不开档次。采用深沟高畦的栽培方式,每畦栽 2 行。播种前用打孔器破膜打穴,每穴点播种子 2 粒,株距 25 厘米,行距 30 厘米,每亩栽 7000 穴左右。播种后覆 2～3 厘米厚的土,及时浇水,以利出苗。

5.田间管理

(1)及时定苗。幼苗出土后生长迅速,必须及时定苗,否则易形成弱苗和引起幼苗徒长。定苗时选留无病虫危害、较粗壮的幼苗,每穴留 1 株苗。

(2)肥水管理。当萝卜生长到莲座期(即肉质根膨大旺长期)后。应注意浇水,此时缺水会引起肉质根膨大不良。遇晴天每天早、晚各浇水一次,保持土壤湿润,有利于肉质根的形成和发育。雨后应及时排水,渍水易引起病害,降低产品品质。土壤含水量生长前期控制在 60%,中后期保持在 80% 为宜。并进行 1 或 2 次中耕培土,有利于护根、防青皮。

(3)喷施叶面肥。因萝卜后期生长旺盛,易引起缺肥,莲座期后,每亩用 0.5% 磷酸二氢钾溶液 50 千克喷雾 2 或 3 次,每隔7～10天喷1次,可促进肉质根迅速膨大。萝卜是一种需硼较多的蔬菜,缺硼易引起萝卜的生理病害,严重时黑心而失去食用价值,甚至绝收。莲座期后需喷0.2%硼砂溶液1或2次。

(4)病虫害防治。主要病害有黑腐病、霜霉病和病毒病等。主要害虫有黄曲条跳甲、蚜虫、小菜蛾、菜青虫、斜纹夜蛾、烟粉虱。选用抗病品种,实施轮作制度,采用深沟高畦,合理密植,清洁田园等农业防治;采用黄板和杀虫灯诱杀等物理方式。菜青虫等可用赤眼蜂等天敌防治。宜使用植物源农药如苦参碱、印楝素等和生物源农药如农用链霉素、新植霉素等防治病虫害。

(三)夏季萝卜生态健康栽培技术

萝卜为半耐寒性蔬菜,夏季气温高,露地栽培夏萝卜易糠心或抽薹。若利用夏闲大棚加盖防虫网栽培,技术操作简便,生产的萝卜品质好。

1.品种选择

应选择抗热、抗病、不易糠心、不易抽薹、生长期较短的品种。如夏长白2号、鲁萝卜8号等。

2.防虫网覆盖

防虫网应全期覆盖。在大棚蔬菜采收净园后,将棚膜卷起,棚架覆盖防虫网。生产上一般选用24～30目的银灰色防虫网。如无防虫网,也可用细眼纱网代替。安装防虫网时,先将底边用砖块、泥土等压结实,再用压网线压住棚顶,防止风刮卷网。在萝卜整个生长期,要保证防虫网全期覆盖,不给害虫入侵机会。

3.精细整地,施足基肥

夏萝卜的生长期短,生长快,在前茬蔬菜收获后,立即清除所有残根烂叶及杂草,然后翻耕整地。结合翻地每亩施入石灰 150 千克对土壤消毒,预防土壤病害发生,也可改良土壤。每亩施硫酸钾复合肥(含量 15—15—15)50～75 千克,生物有机肥 200 千克,钙镁磷 50 千克,硼肥 1 千克;生产上施肥应避免偏施氮肥,重视磷、钾、硼、镁肥优化施用。整地前将所有肥料均匀撒施于土壤表面。然后再翻耕,翻耕深度应在25 厘米以上。将地整平耙细后,起高垄播种。一般垄宽 50 厘米,高 20 厘米左右,垄沟宽 20 厘米。也可起高畦播种,一般畦宽 80 厘米,畦沟 20 厘米。条播或穴播,高垄栽播 2 行,高畦栽播 4 行。播后覆土平整。全畦播完后,垄沟灌大水润畦,灌水量以能湿透垄背为度。

4.田间管理

(1)间苗、定苗。在萝卜出苗前保持垄(畦)面土壤湿润,出苗后幼苗即开始迅速生长,要选晴暖天的下午进行间苗、定苗,并用无公害农药防治菜青虫、小菜蛾等害虫。一般出苗后 3 天,全田喷施一遍青虫灵或苏力保 500 倍液,每亩用药200 毫升。在幼苗 1 或 2 片真叶展开时,间掉病弱苗、畸形苗、拥挤苗;在 3 片真叶时,进行第二次间苗并定苗,淘汰病弱苗。按 16～20 厘米株距,选留具有本品种特征的壮苗,定苗后要控水蹲苗。

(2)肥水管理。夏萝卜在苗期即施用提苗肥,齐苗后每隔3～5 天叶面喷施一次 0.2% 的尿素溶液,并进行浅中耕保墒。在莲座期可追施一次速效肥,每亩施尿素 10 千克、氯化钾30 千克,或硫酸钾复合肥 30 千克。在肉质根迅速膨大期适量灌水、追肥,并及时培土,防止产生畸形根。此时再每亩追施硫酸钾复合肥 10～15 千克或撒施草木灰 150～200 千克,在萝卜露肩前后选晴天的傍晚或阴天,用 0.2% 的磷酸二氢钾溶

液做叶面施肥。萝卜生长后期要及时培土,摘除老化叶片,促进田间通风。在肉质根基本长足,或市场行情看好时采收,洗净并剪去过长叶片,留缨5厘米上市出售。

(3)病虫害防治。主要病害有黑腐病、霜霉病和病毒病等。主要害虫有黄曲条跳甲、蚜虫、小菜蛾、菜青虫、斜纹夜蛾、烟粉虱。选用抗病品种,实施轮作制度,采用深沟高畦,合理密植,清洁田园等农业防治;采用黄板和杀虫灯诱杀等物理方式。菜青虫等可用赤眼蜂等天敌防治。宜使用植物源农药如苦参碱、印楝素等和生物源农药如农用链霉素、新植霉素等防治病虫害。

三、秋冬露地萝卜生态健康栽培技术

秋冬萝卜栽培是秋季播种,初冬收获,是我国萝卜的主要栽培季节。这一时期,前期温度较高,适于萝卜、苗期生长,后期天气较凉适于肉质根膨大,是萝卜的最佳栽培季节。秋冬萝卜的产量高品质佳。在秋菜生产中,种植面积大,是重要的冬储蔬菜。

1.品种选择

适合秋季栽培的萝卜较多,一般为大型品种。绿皮萝卜可选鲁萝卜1号、青圆脆、青皮脆、"心里美"萝卜等。红皮萝卜可选鲁萝卜3号、大红袍、薛城长红等。白皮萝卜可选秋白浓、象牙白、太湖白萝卜等。

2.土壤选择

秋冬萝卜栽培应选择土层深厚疏松、排水良好、肥力好的沙壤土,这样才易生长出形状端正、外皮光洁、色泽美观而又品质好的肉质根。若将萝卜种在易积水的洼地、黏土地,则肉质根生长不良,外皮粗糙;种在沙砾比较多的地块,则肉质根

发育不良,易长成畸形根或叉根。一般来说,在水浇地上种萝卜要选择土质疏松的沙壤土;在旱地上种萝卜,应选择保水力比较强的壤土。土壤的酸碱度以中性或微酸性为好。土壤酸性太强易使萝卜发生软腐病和根肿病;碱性太大,长出来的萝卜往往味道发苦。土壤 pH 值以 6.5 为合适。

3.整地、施肥、做畦

栽培萝卜的土壤应早深耕,深耕有利于萝卜产品器官的形成。耕后充分打碎耙平,拾净砖瓦、石块等杂物,以利萝卜肉质根在土壤中的生长。播种前 15～20 天整地施肥,每亩施硫酸钾复合肥(含量 15－15－15)50～75 千克,生物有机肥200 千克,钙镁磷 50 千克,硼肥 1 千克;生产上施肥应避免偏施氮肥,重视磷、钾、硼、镁肥优化施用。做畦的方式因品种、土质、地势与当地气候条件不同而异。中小型萝卜或在排水良好的地方可用平畦;中型和大型萝卜,或在多雨地区、地下水位较高及排水不良的地方宜做高畦或高垄。一般大面积栽培的中型萝卜畦高 20～25 厘米,畦宽 1～2 厘米,沟宽约 40 厘米。

4.播种

播种期应根据市场的需要及各品种的生物学特性确定萝卜的播种期。秋冬萝卜生长的适宜温度范围为 5～28℃,肉质根膨大适宜温度为日平均气温 14～18℃,昼夜温差应达到12～14℃。因此,在决定萝卜播种期时,应根据当地的气候情况,使萝卜的肉质根膨大期处于温度最佳时期。若播种过早,由于天气炎热,则病虫害严重;若播种过晚,虽病虫害减轻,但生长期不足,肉质根尚未发育成熟,而天转冷,不得不收获,也不能获得丰收。北方地区秋萝卜的播种一般在 7 月下旬;南方则可在 8—9 月。

秋冬萝卜的播种密度、方法与所选用的品种有关。大型萝卜如浙大长、胶州青等采用穴播,行距40~50厘米,株距30~40厘米,播种前先开穴,浇足底水,待水渗入土壤后,按穴播种,每穴播干种子4~6粒,每一穴内的种子应散开一些,以免出后幼苗拥挤,播后盖1~2厘米厚的细土,每亩用种子量200~300克。中型萝卜如新闸红等采用条播,行距20~25厘米,株距15~20厘米,播种前开浅沟,浇足水,待水渗入土壤后,按行播种,播后盖1~2厘米厚的细土。每亩用种子500~600克。

5. 田间管理

(1)间苗。当幼苗拥挤时应分次间苗,以保证全苗壮苗。一般在第1片真叶展开时,进行第一次间苗,拔除细弱苗、病苗、畸形苗,每穴可留苗两三株;第二次间苗一般在萝卜"破肚"时进行,选留具有原品种特征特性的健壮苗1株,即为定苗,拔除其余生长较弱的苗。

(2)浇水。萝卜的叶面大而根系软弱,故耐旱能力较差,需适时、适量地供给足够的水分,尤其在根部发育时,必须根据生长情况,进行合理的浇水。发芽期要充分浇水,保证土壤含水量在田间最大持水量的80%以上,促使出苗快而整齐。幼苗期要少浇勤浇,在"破肚"前的一段时间内要少浇,促使根系向土层深处发展,这一时期土壤含水量应在田间最大持水量的60%左右。叶部生长盛期,叶片发育较快,既要保证有足够的水分,但也不能过多,应掌握"地不干不浇,地发白才浇"的原则。根部生长盛期是保证萝卜优质丰产的关键,一般以土壤含水量为田间最大持水量的70%~80%、空气湿度80%~90%为宜。根部生长后期适当浇水可防止萝卜空心,提高萝卜品质和耐贮藏性。在萝卜生长期内,雨水多时应注意开沟排水,防止根系受渍而腐烂。收获前1周停止浇水。

（3）中耕、除草、培土。大、中型萝卜行株距大,生长期较长,常因雨水或浇水而导致土壤板结,需要多次中耕、除草,以增加土壤的透气性。萝卜的中耕宜先深后浅,先近后远,直至封行后停止中耕。封行后若有杂草需及时拔除。结合中耕除草进行培土,尤其是露身的大型萝卜,培土可以防寒,防止萝卜倒伏、弯曲,以提高萝卜质量。生长期长的大型萝卜,到中后期须经常摘除黄叶、病叶,以利通风透气,减少病虫害。

（4）追肥。萝卜的幼苗期和叶生长盛期需要的氮素比磷、钾多。肉质根生长盛期,进入养分贮藏积累期,则磷、钾肥需要量增多,尤以钾肥为最多。秋冬萝卜生长期长,需要分期追肥。第 1 次追肥是在幼苗第 2 片真叶展开时进行,这时大型萝卜进行第一次间苗,可在间苗后进行轻松土,随即追施肥 1次;第 2 次追肥是在定苗后进行;第 3 次追肥在萝卜"破肚"时进行。中、小型萝卜经 3 次追肥后迅速膨大,可不再追肥。大型萝卜生长期长,待萝卜生长到"露肩"时,每亩再追施硫酸铵10～20 千克,至肉质根生长盛期再追施草木灰或钾肥 1 次。草木灰应在浇水后撒在行间,每亩撒施 100～150 千克。大型萝卜在"露肩"后每周喷 1 次 2％的过磷酸钙,有显著的增产效果。

（5）病虫害防治。主要病害有黑腐病、霜霉病和病毒病等。主要害虫有黄曲条跳甲、蚜虫、小菜蛾、菜青虫、斜纹夜蛾、烟粉虱。选用抗病品种,实施轮作制度,采用深沟高畦,合理密植,清洁田园等农业防治;采用黄板和杀虫灯诱杀等物理方式。菜青虫等可用赤眼蜂等天敌防治。宜使用植物源农药如苦参碱、印楝素等和生物源农药如农用链霉素、新植霉素等防治病虫害。

6.收获

萝卜的采收期因品种不同而异,一般在肉质根已充分膨大,根的基部圆起来(俗称圆腔),叶色转淡,由绿变黄时便应及时采收。凡根部大部分露在地上的品种,在霜冻前应及时采收,以免遭受冻害。凡根部全部埋在土中的品种,因有土壤的保护,可以适当迟收,以提高产量。初冬采收作为鲜食用的萝卜,可用刀切除叶丛,洗净后上市供应。作为贮藏用的萝卜,采收时可用刀将叶丛连同顶芽一起切除,以免贮藏期间发芽空心。萝卜的产量因品种类型和栽培技术而异。秋冬大型萝卜一般每亩产量为 3000～4000 千克,高产的可达 5000 千克以上,中型萝卜产量一般在 2500～3000 千克。

四、夏秋萝卜生态健康栽培技术

夏秋萝卜是指夏季播种、夏秋收获的茬口,介于夏萝卜和秋萝卜之间,也是夏萝卜和秋萝卜供应空白的一个补充。其生长期内,尤其是苗期和幼苗期处于炎热季节,不利于萝卜生长,病虫害严重,产量低且不稳定。

1.品种选择

选用的品种应耐热、耐湿、生长期短,较抗病虫害。目前适应夏秋季种植的优良品种有南研 30、短叶 13 号、短叶 953、富源 1 号、热抗 38、夏萝 45 等。

2.选地、整地及施肥

夏秋萝卜前茬作物以早熟黄瓜、西瓜、茄果类、菜豆为宜,不能以小白菜、晚春甘蓝、油菜等十字花科蔬菜作物为前茬。在前茬作物收获后,应立即深翻,短期晾晒。整地时,要求做到两犁两耙,土壤细碎,并施足基肥。播种前 15～20 天整地施肥,每亩施硫酸钾复合肥(含量 15－15－15)50～75 千克,生物有机肥 200 千克,钙镁磷 50 千克,硼肥 1 千克;生产上施肥应避免偏施氮肥,重视磷、钾、硼、镁肥优化施用。一般采用深沟高畦栽培,按 1.5 米宽做畦,畦面宽 1.2 米,沟宽 30 厘米,沟深 20 厘米。

3. 播种与定苗

播种期一般在 6 月中、下旬至 7 月底,中高海拔地区,播种期可以适当提早,低热河谷地区播种期可以适当延后。播种前要对种子进行清洗晾晒,选饱满、新鲜的种子播种。播种时,先浇足底水,待土壤稍干时再播种。采用开浅沟条播或打浅窝穴播,每穴播种 4 或 5 粒,每畦播 4 行,行距 30 厘米,穴距 25 厘米,每亩 7000 穴左右,每亩用种量 500~700 克。播种后覆盖一层 2 厘米厚的细土。除盖土外,还可采用秸秆或遮阳网覆盖,以降低土壤温度,并起到保湿的效果。

夏秋萝卜幼苗出土后生长迅速,要及时间苗,否则互相拥挤,易发生徒长。应以早间苗,晚定苗为原则,保证苗全苗壮。早间苗,苗小拔苗时不易损伤留下苗的根系;晚定苗可比早定苗减轻因菜螟等危害而导致的缺株断垄。一般长出第 1 片真叶时进行第 1 次间苗,拉开苗距。长成 4 或 5 片真叶时,进行第 2 次间苗。当肉质根破肚时,按穴距 25 厘米定苗,每穴留 1 株苗。

4. 田间管理

(1)肥水管理。夏秋萝卜的生长期正值高温季节。播后及整个生长期间都必须及时浇水,播种后浇足水,大部分种子出苗时再浇 1 次水,有利于齐苗、全苗。定苗后适量浇水,营养生长后期适当控水,防止因叶片徒长而影响肉质生长。破肚至露肩期要求供应充足水分,但大雨后又必须及时排水,防止烂根。浇水应做到三凉,即天凉、地凉、水凉,一般在傍晚浇水。基肥充足时,一般可不追肥,基肥不足时,可结合浇水,于肉质根破肚后进入膨大始期,每亩施三元复合肥 30 千克。若肥水不足,会造成萝卜肉质根小、木质化,苦辣味变浓,易糠心。苗期缺水,易发生病毒病。但水分过多,会使萝卜表皮粗糙,引起裂根和腐烂。

(2)中耕除草。夏季常有降雨,土壤易板结,应及时中耕保墒,并清除杂草。一般中耕 2～3 次,萝卜苗封垄后不再中耕。进入 8 月,温度逐渐降低,可撤掉遮阳网或其他覆盖物。

(3)病虫害防治。主要病害有黑腐病、霜霉病和病毒病等。主要害虫有黄曲条跳甲、蚜虫、小菜蛾、菜青虫、斜纹夜蛾、烟粉虱。选用抗病品种,实施轮作制度,采用深沟高畦,合理密植,清洁田园等农业防治;采用黄板和杀虫灯诱杀等物理方式。菜青虫等可用赤眼蜂等天敌防治。宜使用植物源农药如苦参碱、印楝素等和生物源农药如农用链霉素、新植霉素等防治病虫害。

5.采收

夏秋萝卜的收获期不十分严格。肉质根长成后,即可根据市场需求,及时收获。

五、冬春萝卜生态健康栽培技术

(一)冬春保护地萝卜生态健康栽培技术

长江流域及以北地区冬季寒冷,萝卜不能露地生长或越冬,需在保护设施中进行栽培。

1.品种选择

萝卜冬春季保护地栽培,应选择质脆、味甜、纤维少、冬性强、晚抽薹、丰产和不易糠心的品种。目前适宜的品种以白玉春、大棚大根和长春大根等较好。

2. 整地、施肥、播种

应选择土层深厚、疏松、肥力中等、能灌能排的沙壤土或壤土地。播种前 15～20 天整地施肥,每亩施硫酸钾复合肥(含量 15－15－15)50～75 千克,生物有机肥 200 千克,钙镁磷 50 千克,硼肥 1 千克;生产上施肥应避免偏施氮肥,重视磷、钾、硼、镁肥优化施用。深翻 30 厘米左右,整平耙细起垄,垄距 60 厘米,垄顶宽 25 厘米,垄高 20 厘米,垄向以南北向为宜。播种时,先在垄上开穴,穴距 25 厘米,穴内浇水,水渗后播种覆土,为实现分期上市,可按计划分期排开播种,每 5～10 天播种一期,以利均衡供应市场。

3. 适期播种

冬春保护地萝卜栽培应严格控制播种期,切不可盲目过早播种,否则在低温条件下易通过春化阶段,造成先期抽薹。原则上地温在 10℃以上时播种,根据栽培设施情况及选用品种不同,灵活确定播种期。大棚栽培,可在元月下旬至 2 月中旬播种,4 月上旬开始采收。中小拱棚加地膜覆盖栽培,可于 2 月中旬至 3 月上旬播种,4 月中旬开始收获。露地地膜覆盖栽培,可在 3 月下旬至 4 月上旬播种,5 月中旬至 6 月初采收。采用穴播,每穴 3～4 粒种子,另外可用营养钵培育部分预备苗,以备补缺。每亩播种量 150 克。播后用细土覆盖 1.5 厘米,然后覆盖地膜保温保湿。地膜要求拉紧铺平,紧贴地面。

4. 田间管理

播后 4～5 天出苗,出苗后要及时分期分批破膜引苗;第 10 天左右查苗补苗;2～3 片真叶期间苗;"大破肚"时定苗。播后 20 天左右,用土块压住地膜破口处,防止地膜被顶起。

萝卜生长前期以保温为主,适当提高棚内温度,促进莲座叶生长,遇强冷空气时需加盖防寒物。生长后期气温回升,应及时通风降温,白天保持 20～25℃,夜温 10～13℃,可视天气情况逐步撤除小棚膜及大棚裙膜。4 月中旬以后即可撤除棚膜,进行露地栽培。

萝卜生长期不要缺水,垄沟土壤发白时适时浇水,特别是肉质根进入迅速膨大期,需水量增加,需视土壤墒情灌水,最好采用滴灌。若采用沟灌,应在晴天中午进行,灌半沟水。播后 30 天左右第一次追肥,45 天左右第二次追肥,第一次每亩施硫酸铵 10～15 千克,第二次每亩施 25 千克氮、磷、钾复合肥,可在距萝卜 10 厘米处穴施或开沟施入。

5.病虫害防治

主要病害有黑腐病、霜霉病和病毒病等。主要害虫有黄曲条跳甲、蚜虫、小菜蛾、菜青虫、斜纹夜蛾、烟粉虱。选用抗病品种,实施轮作制度,采用深沟高畦,合理密植,清洁田园等农业防治;采用黄板和杀虫灯诱杀等物理方式。菜青虫等可用赤眼蜂等天敌防治。宜使用植物源农药如苦参碱、印楝素等和生物源农药如农用链霉素、新植霉素等防治病虫害。

6.适时收获

肉质根横径达 5 厘米以上,重约 0.5 千克时,可根据市场行情随时采收,分批收获上市。但应注意本品种的成熟期,避免过晚采收,以防糠心。采收时叶柄留 3～4 厘米切断,清洗后上市,如果进行远距离运输,则不要清洗。

(二)冬春露地萝卜生态健康栽培技术

华南等冬季温暖地区,冬春萝卜栽培可露地进行。

1.品种选择

选择耐寒性强,对春化要求严格,抽薹晚,不易空心的品种,如冬春 1 号、冬春 2 号、四川春不老萝卜、宁白 3 号等。

2.整地、施肥、做畦

种植萝卜的地需深耕,并打碎耙细,有利于肉质根的生长膨大。施肥总的要求是以基肥为主、追肥为辅。萝卜根系发达,需要施足基肥,播种前15～20天整地施肥,每亩施硫酸钾复合肥(含量15－15－15)50～75千克,生物有机肥200千克,钙镁磷50千克,硼肥1千克;生产上施肥应避免偏施氮肥,重视磷、钾、硼、镁肥优化施用。南方多雨潮湿,一般都要做成高畦。

3.播种

冬春萝卜的播种期,应按照市场的需要和各品种的特性而定。一般需要在秋季适当提早播种,使幼苗能在20～25℃温度下生长,为以后肉质根肥大打下良好基础。有些地方又将这茬萝卜分为冬萝卜和春萝卜。在8月下旬至9月中旬播种,收获期在11—12月的叫做冬萝卜,而在10月下旬至11月中旬播种,露地越冬,收获期在来年2—3月的叫做春萝卜。

合理的播种密度应根据品种特性而定。一般大型品种行距40～50厘米,株距35厘米;中型品种行距17～27厘米;株距17～20厘米。播种时要浇足底水。浇水方法有两种:一是先浇清水或粪水,再播种、盖土;二是先播种,后盖土再浇清水或粪水。前一种方法底水足,土面松,出苗容易;后一种方法易使土壤板结,必须在出苗前再浇水,保持土壤湿润,幼苗才易出土。条播时种子要稀密适度,过密幼苗长不好,且间苗时费工。每穴播2～3粒种子。播后覆土约2厘米厚,不宜过厚。

4.田间管理

(1)间苗、定苗。为了避免幼苗拥挤、互相遮阳,光照不良,所以应早间苗。一般1或2片叶时,进行第一次间苗,每穴留 2 或 3 株;3 或 4 片叶时,进行第二次间苗;5 或 6 片叶时间苗并定苗,每穴留 1 株。

(2)水分管理。萝卜抗旱力弱,要适时适量浇水。在干燥环境下,肉质根生长不良,常导致萝卜瘦小、纤维多、质粗硬、辣味浓、易空心。水分过多,叶易徒长,肉质根生长量也会受影响,且易发病。因此,要注意合理浇水。一般幼苗期要少浇水,以促进根向深处生长。叶生长盛期需水较多,要适量灌溉,但也不能过多,以免引起徒长。肉质根迅速膨大期应充分而均匀地灌水,以促进肉质根充分成长。在采收前半个月停止灌水,以改进品质和耐储性。但由于是冬季栽培,温度低,光照也较弱,水分蒸发较慢,所以较其他季节栽培的浇水量和浇水次数应少些。

(3)追肥。萝卜在生长前期,需氮肥较多,有利于促进营养生长。中后期应增施磷、钾肥,以促进肉质根的迅速膨大。对施足基肥而生长期较短的品种,可少施追肥。一般中型萝卜追肥 3 次以上,主要在植株旺盛生长前期施,第一、第二次追肥结合间苗进行,每亩追施尿素 10～15 千克。破肚时施第三次追肥,除尿素外,每亩增施过磷酸钙、硫酸钾各 5 千克。大型萝卜到露肩时,每亩再追施硫酸钾 10～20 千克。有时还可在萝卜旺盛生长期再施一次钾肥。追肥时注意不要浇在叶子上,要施在根旁。

(4)其他管理。萝卜生长期间,为防止土壤板结,促进根系生长,应中耕松土几次,尤其在杂草易滋生的季节,更要中耕除草。一般中耕不宜深,只松表土即可,封行后不再进行中耕。高畦栽培的,还要结合中耕,进行培土,保持高畦的形状。长形露身的萝卜品种,也要培土,以免肉质根变形、弯曲。植株生长过密的,在后期摘除枯黄老叶,以利通风。

（5）病虫害防治。主要病害有黑腐病、霜霉病和病毒病等。主要害虫有黄曲条跳甲、蚜虫、小菜蛾、菜青虫、斜纹夜蛾、烟粉虱。选用抗病品种,实施轮作制度,采用深沟高畦,合理密植,清洁田园等农业防治;采用黄板和杀虫灯诱杀等物理方式。菜青虫等可用赤眼蜂等天敌防治。宜使用植物源农药如苦参碱、印楝素等和生物源农药如农用链霉素、新植霉素等防治病虫害。

六、四季萝卜生态健康栽培技术

四季萝卜是萝卜中的小型品种类型,一般播种后 20～30 天收获。

1. 主要栽培茬口

春季露地栽培:3 月中旬至 5 月上旬可陆续播种,分期收获。

夏季遮阳栽培:5—9 月期间栽培需用寒冷纱覆盖,防暴雨并可降温。

秋季露地栽培:9 月中旬至 10 月上旬可陆续播种,分期收获。

华南地区冬季露地栽培:可从 10 月至第二年 3 月陆续播种,分期收获。

春、秋、冬季保护地栽培:即从 10 月上旬至第二年 3 月上旬,可以在塑料大棚、改良阳畦、温室内陆续播种,分期收获。

2. 栽培土壤

四季萝卜肉质根较小,生长期短。所以,对土层厚度要求不严格,土层 20 厘米以上即可。但以质地疏松、排灌良好的沙壤土为好。土壤中不能有石块、瓦砾等杂物,避免发生肉质根分叉。也不宜选择种植多年的熟菜地。

3.整地做畦

播种前耕翻晒土,耙细耙平。基肥不宜过多,每亩施1000～2000千克即可,而且施肥一定要均匀,如施肥不均匀反而容易造成局部肥害,使产品大小不整齐。整地后做平畦,畦宽1.0～1.2米,以方便田间管理为准。

4.播种

采用干籽直播,四季萝卜一般进行条播或撒播。条播行距10厘米,株距3厘米左右,播种深度约1.5厘米,每亩播种量100克左右。撒播时应注意不要过密,以免间苗过多,造成浪费。春季露地播种时,由于春季气候寒冷多风,采取播前先浇足底水,播种后覆细土2厘米,防止土壤板结,减少水分蒸发,提高土壤温度,利于种子发芽和幼苗出土。

生产上,常用四季萝卜作为间作套种栽培。单作时,早秋播种宜采用遮阳网栽培,既可防暴雨又可降温。

5.田间管理

(1)浇水。四季萝卜生长十分迅速,又较密植,需要水分较多,播种后要经常浇水,以促进快速生长,提高肉质根产量和品质。浇水宜轻,以免冲歪肉质根,尤其对肉质根露出土面的品种。播种后10～15天,肉质根破肚而迅速膨大,特别要多浇水。采收前2～3天,要适当控制水分,尤其对长形品种,水分过多,肉质根易开裂。土壤过于干燥,则肉质根粗硬,辣味浓,品质明显下降。

(2)间苗、定苗。播种后3～4天,种子发芽出土,出现1～2片真叶时第1次间苗,拔除弱苗、拥挤苗、病虫苗;3叶1心时定苗,株间距离保持在10厘米左右。过密,叶易黄化,肉质根色泽不鲜艳(尤其露根的玫瑰色品种);过疏,单位面积产量低。每次间苗后宜浇水1次。

（3）追肥。四季萝卜生长快速，除施足基肥外，还需酌情追施速效肥 2～3 次。第 1 次在 2～3 片真叶时，肥料浓度宜稀，50 千克水加尿素 100 克；有 5 片真叶时，直根迅速膨大，此时进行第 2 次追肥，50 千克水中加尿素 100 克和氯化钾 50 克，充分溶解后淋施。

（4）防治病虫害。主要病害有黑腐病、霜霉病和病毒病等。主要害虫有黄曲条跳甲、蚜虫、小菜蛾、菜青虫、斜纹夜蛾、烟粉虱。选用抗病品种，实施轮作制度，采用深沟高畦，合理密植，清洁田园等农业防治；采用黄板和杀虫灯诱杀等物理方式。菜青虫等可用赤眼蜂等天敌防治。宜使用植物源农药如苦参碱、印楝素等和生物源农药如农用链霉素、新植霉素等防治病虫害。

6.栽培中应注意的问题

（1）春季栽培。春季播种过早，由于地温低，种子生命活动微弱，水分浸泡时间过长，易于腐烂，不能全苗。而且，播种过早。也会发生未熟抽薹，降低肉质根产量和品质。

（2）夏季栽培。一般需用寒冷纱或遮阳网覆盖，起到防雨、降温的作用。在夏季栽培中应特别注意合理用水，保持土壤含水量 70% 左右，要掌握少浇勤浇的原则。从直根破肚至露肩时期，供水量适当增加。根部生长盛期，应充分均匀浇水，土壤湿度控制在 70%～80%。若供水不均匀，则易引起萝卜开裂。另外，浇水宜在清晨或傍晚进行，切忌中午浇水，特别是深井冷水。

（3）冬季保护地栽培。要注意保温防寒，出苗后白天温度保持在 15～20℃，夜间 8～10℃，不能低于 5℃。幼苗破肚后、肉质根膨大期白天保持 13～18℃。

7.采收

四季萝卜播种后 18～22 天即可采收。一般品种在播种后超过 25 天则易产生糠心现象(尤其长形品种),降低食用品质。一般分 2 次采收,先熟先收,采收后立即浇水,以填补空隙,有利于未充分长大的植株继续生长膨大。

第六章 萝卜生理病害类型及其防治方法

一、先期抽薹

(1)发生原因。先期抽薹是在产品器官形成之前遇到低温通过春化所致。轻者造成肉质根糠心,质地坚硬,重者不能形成产量。先期抽薹现象在春季生产中较严重。

(2)防治方法。选用冬性强的品种,从高纬地区向低纬地区引种。繁种时严格把关。淘汰抽薹早的植株,采用新种子播种。春季适期播种。冬春季保护地早熟栽培中,加强保温防寒,最低温不低于8℃。发现有先期抽薹迹象,及时摘薹,大水大肥,促进肉质根迅速膨大,降低损失。在抽薹前及时上市。

二、畸根

萝卜的畸根主要表现为分叉和弯曲。萝卜肉质根上纵向有两列侧根,在正常情况下,这些侧根是吸收根,不会膨大。但遇特殊情况,促使侧根膨大,由吸收根变为贮藏根,结果是整个直根分叉、弯曲或畸形,影响了萝卜的外观,降低了商品价值和食用价值。

(1)发生原因。分叉萝卜仍可食用,品质不会变差,但外观畸形,影响商品美观。每一块田多少都会有分叉的萝卜出现。造成分叉现象的原因主要有如下几种:

土质及耕作方面。土壤犁翻太浅，底层土壤过硬。同时在深耕过程中没有将石头、树根、瓦片、塑料硬物清除。土壤底层过硬不松，又有硬物阻碍，必然影响到主根使其受阻，因此会促进侧根发生光合作用产生物质一经积累，主根和侧根同时肥大起来。另外土壤翻晒不够，地下如蚯蚓、蛴螬、蝼蛄之类害虫过多，主根受损，侧根自然产生。日后也会出现分叉。

肥料没充分腐熟。未完全腐熟的肥料含有多量的尿酸，灼伤主根，使侧根受到刺激而长出。基肥施放不均匀，翻入土层不深，也同样损害主根的伸长活动，侧根同样产生。一经物质积累而肥大，形成分叉。

栽种密度过小。萝卜播种定苗相隔的距离过宽，夏秋萝卜分叉较少。而秋冬或冬春萝卜分叉较多，原因是秋冬春季的天气特别有利萝卜的生长，光合作用效能强而制造积累物质丰富。如果栽种的密度过小，植株生势特别旺盛，叶子制造光合产物就特别多。自然也有更多出现分叉的现象。

间苗除草不彻底。萝卜生长期间苗不彻底，秧苗过密或杂草根缠绕也可引起萝卜肉质根弯曲。

土壤害虫的侵害。土壤中的地下害虫如果咬伤萝卜肉质根的先端，抑制了直根的生长，也会引起侧根的膨大，发生分叉及畸形。

移栽补苗，植株长大后全是畸根。

(2)防治方法。认真抓好土壤的深耕细作，保持土壤疏松。施用充分腐熟的有机肥料，而且将这些肥料均匀撒播到土层中。根据每个品种的要求，合理密植。及时防治土壤地下害虫，可在播种前施用土壤杀虫剂。补苗只能采用直播方式，不能移栽补苗。

三、糠心

萝卜拔起来手感较轻,切断萝卜发现肉质不均匀,而且有一个个白色的泡眼,这种现象就叫做糠心。糠心后不但重量减轻,而且糖分减少、质量差,影响其食用、加工及贮藏性能。

(1)发生原因。品种。早熟品种出现机会多于晚熟品种。春夏类型萝卜品种,在收获偏晚或发生先期抽薹后,易糠心。薄壁细胞大、肉质疏松、淀粉和糖的含量少,肉质根膨大生长过快、过早的品种容易产生糠心,而那些肉质根生长缓慢、淀粉含量较高、可溶性固形物的浓度较高的品种,不易形成糠心。

土壤、营养条件。栽培在轻沙土的萝卜会比在半泥沙土、壤土中栽培的萝卜早出现糠心。土壤排水不良,施基肥和追肥不均匀,或者追肥过迟均会产生糠心。

种植密度。当萝卜栽植的株行距过大,土壤肥力充足,肉质根生长旺盛,地上部迅速生长时,萝卜易糠心。而当株行距较小,合理密植时,萝卜糠心较少。

温度。萝卜适宜于日温较高而夜温较低的气候条件。在这种昼夜温差较大的条件下,易引起糠心。生长初期,夜温高些,也不易引起糠心,但到生长中期,夜温过高,呼吸作用旺盛,消耗的营养物质太多,就容易引起糠心。

土壤温度。萝卜一直生长在湿润的土壤里,肉质根的可溶性固形物减少,但细胞的直径较大,地上部较旺盛时,萝卜的糠心现象严重,土壤水分供给不均匀,肉质根膨大初期土壤供水充足,后期土壤干旱,肉质根的部分细胞缺水饥饿而衰老也易引起糠心。

贮藏。冬储萝卜窖温过高,温度偏低,因呼吸消耗快和水分散失易发生糠心。

（2）防治方法。选用肉质致密的、干物质含量高的品种。如"心里美"、潍县青等都不易糠心。

合理施肥，重点增施钾肥，促进根发育，加速输导组织功能，防止氮肥过多，致使叶子过度旺盛影响同化物质输入肉质根中，做到地上部与肉质根生长平衡，使肉质根既肥大又不糠心。

合理密植，特别是大型品种，适当增加栽植密度，抑制地上部生长，使根部有充足的营养，从而减少糠心。

土壤供水均匀，土壤含水量以 70%～80% 为宜，特别要防止前期土壤湿润，而后期土壤干旱。

选择适宜的播种期（华北地区适宜的播种期为 7 月下旬或 8 月上旬），使肉质根的膨大期处于昼夜温差较大的寒冷季节。

在贮藏期间保持 −2～1℃ 的低温环境和较湿润的相对湿度，防止贮藏期糠心。收获后削去根顶部，使之不能抽薹，也可防止贮藏期抽薹糠心。

喷洒萘乙酸。萝卜播后 25～30 天和 35～40 天各喷 1 次 100 毫克/千克的萘乙酸，防止生长期间糠心。收获前 10 天再喷 1 次，可控制贮藏期早糠心。

四、裂根

萝卜到达采收期，在肥大的肉质根表面出现不规则的裂缝，这些裂缝有粗也有细的，有纵横裂、横裂或纵裂，在食用价值上影响不太多，但商品美观却大受影响。

（1）发生原因。肉质根出现破裂的原因从生理上认为是萝卜生长期间土壤水分不均匀的结果。具体就是萝卜在生长期遇上高温又干旱,土壤水分不足,种植人员又不根据天气实况进行水分补充,以保持土壤湿润稳定状况,因此造成萝卜肉质根的皮层组织逐渐硬化,到了萝卜生长中后期,温度适宜,阳光又适合,水分又充足,萝卜肉质根内木质部的薄壁细胞迅速分裂膨大,向皮层方向横向地迅速增大膨胀,硬化了的皮层不能相应地生长而发生矛盾,硬化了的皮层顶不过内部向皮外膨胀的力量,结果皮层被顶开裂了。

(2)防治方法。最基本的是选好土壤,精耕细作,经常保持土壤疏松,根据天气和萝卜生长的表现,及时地均匀供水,使土壤保持湿润而透气,切忌时干时湿或长期不淋。

五、表皮粗糙

萝卜表皮粗糙,皮面不光滑,有黑纹,甚至有虫咬过的痕迹,影响商品美观。

(1)发生原因。是由于过于黏重或过硬的土质,或者沙粒过粗,地下水位过高等环境,以及地下害虫如黄条跳甲的幼虫咬食过根部外皮,这些环境都会使根部表皮留下一些小痕迹,加上有害物质作用而留下难看的黑纹。

(2)防治方法。防止的最基本方法仍然是选好土质,充分翻晒,精耕细作,创造良好的土壤环境。萝卜生长和肉质根形成过程不缺水,不缺营养,不缺空气,也不受到土壤挤压,皮层也就不会粗糙了。

六、肉质根辣味、苦味

(1)发生原因。苦味产生的原因。萝卜产生苦味是肉质根中含有苦瓜素。它是一种含氮的碱性化合物。产生苦瓜素的主要原因是单纯施用氮肥过多,而磷、钾肥不足所引起的。

辣味产生的原因。辣味是由于肉质根中芥辣油含量增高所造成的。气候炎热干旱,有机肥不足时,往往产生较多的芥辣油使辣味增重,降低品质。

(2)消除辣味、苦味的方法。选用优良品种,如选用含水较少的肉质致密的品种,选用生长速度快、辣味轻、苦味轻、风味好的优质品种。秋季栽培时适当晚播,芥辣油含量低,品质好。

施用充分腐熟的有机肥,经常保持土壤疏松。及时灌水中耕,以便供给根部充足的氧气。施肥应以迟效性有机肥为主,不偏施氮肥。并注意氮、磷、钾的配合,特别在肉质根的生长盛期,每亩增施4～5千克的磷酸二氢钾。

适时栽植。夏季栽培选凉爽场所。及时灌溉,以满足水分要求并有利于降温。

七、黑心

(1)发生原因。萝卜根吸收积累二氧化硫、硫化氢等物质就会造成黑心。土壤没有翻晒或晒的时间不够。或者施用未腐熟的有机肥,或者淋施没有经过净化的污水以及地下水位过高,土壤黏性大而不透气等,也都会使土壤中含有较多的二氧化硫或硫化氢等有害物质。

(2)防治方法。挑选田块时,要选择土层深、地下水位低而且能够排灌不积水的田块。同时注意土质是否疏松。

土壤一定要犁翻晒白,晒的时间要足够,不要匆匆忙忙播种,充分晒白就可去除土壤中的二氧化硫、硫化氢等有害物质,当土壤过于肥沃,残留在土壤中有机物过多时,可以亩施30～35千克的石灰粉,促进有害物质分解。

基肥要充分腐熟,未腐熟有机肥施入土壤中。又不加入适量的石灰粉分解的情况下多也会产生有害物质。

所用的灌溉水，应该是流动的水，避免使用未净化的污水，或者有硫黄味的塘水，或蓄水池的水。

做好排灌水管理，一般离畦深坑，每块田都有环形承沟，能及时排出田间积水。

八、肉质根白锈和粗皮

萝卜肉质根的表面，尤其是近丛生叶附近，有发生白色锈斑的现象。这白锈是萝卜肉质根周皮层脱落的组织。这组织一层一层地呈鳞片状脱落，肉质根上留的痕迹部分不含色素，成为白色锈斑。萝卜在不良的生长条件下，主要是生长期延长，叶片脱落后的叶痕增多，会形成粗糙的表皮，而成粗皮。

（1）发生原因。播种过早。白锈和粗皮现象均与播种过早有关。播种过早，生长的叶片数较多，脱落的叶也较多，叶痕较多，造成表面粗糙，又有白锈。

土壤水分。土壤水分过多或过于黏重，通气不良，抑制了根系的发育，造成侧根基部突起，表皮粗糙。

施肥。使用未腐熟的有机肥。地下害虫多，咬破表皮造成粗糙。

（2）防治方法。适期播种或适当晚播。特别是对秋栽萝卜，选择通透性好的壤土或沙壤土种植萝卜，让主根充分发育膨大。施用充分腐熟的有机肥。及时防治地下害虫等。

九、缺硼症

十字花科蔬菜需硼量大，但吸收力较弱，如果缺硼，肉质根变成黄色半透明状，无光泽，表面不光滑，呈粗皮状；重者变褐，组织脆而龟裂，根内变色、变质，呈褐色心腐病，整个组织被破坏。严重的地上部矮化，叶呈鞭状，茎顶死亡。

（1）发生的原因。土壤亏缺和吸收受阻。硼易溶于水，多雨易流失，多施化肥会促进流失。十字花科蔬菜连作时吸收大量硼，硼在植物体内移动性小，生长期长的作物生育后期容易出现缺硼。在干燥或过湿的情况下，根的吸收力弱，而且干燥时，硼容易被土壤固定，成为不溶性。硼一旦变成不溶性后，再给以充足的水分，也不能溶解。另外，干燥土壤微生物活性弱，有机物中释放的硼量少。在多肥条件下，土壤中肥料浓度高，易造成植物吸收障碍。在多雨的条件下，硼流失后，遇到干旱，易出现缺硼症。

（2）防治方法。土壤中含硼量在 0.5～0.3 毫克/千克时即为缺硼，在 0.3～0.1 毫克/千克时为严重缺硼，应施硼肥。一般每亩施硼 1 千克。硼酸和混合微量肥等适于作基肥。叶面喷洒 0.5％～1％的硼砂，效果较好。干燥或过湿会抑制硼的吸收，所以土壤的物理性和水分条件同样重要。土壤施石灰过多会变碱，硼不易溶解，更易出现缺硼症状。

第七章　萝卜芽和叶用萝卜栽培技术

萝卜芽是萝卜种子催芽生长的芽苗,是近年来新兴的一种芽菜。由于萝卜芽营养丰富,含有多种矿物质、维生素、蛋白质及糖类等,品质柔嫩,味道鲜美且无任何污染。无土栽培萝卜芽的设备简单,生产周期短,对生产场地要求不十分严格,因此,对于蔬菜市场淡季和边远地区市场供应有着重要意义。

一、生产特点

萝卜芽苗菜是萝卜种子在人工控制的环境条件下,直接生长出的芽苗作为蔬菜产品,其主要特点是:

1. 洁净无公害

萝卜芽主要靠种子中贮藏的养分转化而成,生长期短,很少发生病虫害,不需施肥、打药,产品清洁,无污染。

2. 营养丰富

萝卜芽富含维生素 C、维生素 A,品质柔嫩,风味独特,易于消化吸收,为老少皆宜的高档蔬菜。

3. 适宜工厂化生产

萝卜芽生长快,培育周期短,而且不需施肥,只需满足水分、温度、氧气等条件,就能生产出符合市场需要的产品,因此环境条件相对容易调控,适宜工厂化集约生产。

4. 生产方式灵活多样

萝卜为半耐寒性蔬菜,幼苗适应温度范围较广,可采用多种设施进行生产。如冬季利用日光温室,改良阳畦等进行生产;夏季则可利用遮阳网生产;农家庭院利用空闲房屋、闲散空地、设置栽培架进行生产;城镇居民可在阳台、房屋过道等处采用盘栽、盆栽等方式进行生产,有较高的经济效益。

二、环境条件

萝卜芽喜温暖湿润,不耐高温和干旱,生长适温为 20～25℃,对光照要求不严格。若进行地面栽培,要求床土质地疏松、排水良好的中性沙壤土或壤土。

三、品种选择

几乎所有萝卜品种都可用于培育萝卜芽,但为保证其生长迅速整齐,幼芽肥嫩,宜选用种子千粒重高、价格便宜、肉质根表皮绿色或白色品种的萝卜种子,并注意选用适应高、中、低温的品种,以供不同季节、不同设施周年生产。适合用于无土栽培萝卜芽的品种,应具备纯度高、籽粒大、发芽率高、种子产量高等特点。常见品种有大青萝卜、大红袍、短叶 13、中秋红、干理想等。另外,还有由日本引进的供高温期栽培的福叶40 日萝卜,供中、低温栽培的大阪 4010 萝卜、理想 40 日萝卜等专用品种。

四、生产技术

1. 消毒处理

生产过程中使用的工具都应进行严格消毒,对感染了病菌的芽菜应及时清除,以防蔓延。应确保所用消毒药品无污染、无残留。

2. 种子处理

种子要经过筛选处理，通过筛选除去灰土、杂物，留下饱满、无破损的种子。不能使用带病或者发芽势、发芽率低的种子，否则会降低产量和芽苗质量。

经过筛选的种子在室温下浸种1～2小时，使种子充分吸水，以利种子发芽。也可在浸种前用0.2%的漂白粉溶液浸泡1分钟，对种子进行消毒处理。催芽或稍晾干即可用于播种。

3. 播种

萝卜芽生产分地床播种和苗盘播种。地床播种是做成长6～8米、宽1.2～1.5米的畦，要求畦土细碎，畦面平整。先浇透水，然后均匀撒种，每平方米播种200～250克，播后覆盖疏松细土或细沙约0.5厘米厚，上面再盖一层草席。

立体栽培萝卜芽需架设铁制苗盘架，铁架规格一般长150厘米、宽60厘米、高200厘米，上下分4或5层，层距10～20厘米，为移动方便，可在栽培架下面安装4个轮子，便于自由推动。无论立体还是平地栽培都需要苗盘。一般苗盘长60厘米、宽24厘米、高4～5厘米。

苗盘播种是用底部有小孔的塑料盘。播种前将苗盘冲洗干净，盘底铺1～2厘米沙或白纸或无纺布，用水淋湿后将已催芽的种子均匀地撒播在湿纸上。播种的原则是在种子不重叠的前提下尽量密播。播后将苗盘放在黑暗或弱光处的层架上。

4. 生产管理

萝卜芽喜温暖、湿润的环境，不耐干旱和高温，对光照要求不严格。播种后育苗盘可摞盘或直接上栽培架，但均需进行遮光处理，保持一个黑暗的环境。一般在采收前3天使之逐步见光，使子叶绿化，胚轴直立、洁白，提高品质。出苗后每天均匀喷水 1 次,以满足幼苗需要。要严格控制温度、湿度,在保护地内生产萝卜芽温度应控制在 25℃以下,相对湿度 75％～80％;温度、湿度偏高易引起病菌滋生,严重时会使整批染病,甚至腐烂变质。

苗盘生产在播种后,每隔 6～8 小时喷水 1 次,每天喷水 3～4 次。4 天后子叶长出,再过 1 天子叶微开,此时可移照光处进行绿化培养,约需 3 天,即可采收。绿化培养期间每天可喷水 5～6 次,每次每平方米苗盘面积用水 250～300 毫升。为了使芽苗肥壮、脆嫩,在浇水时,每天可喷 1 次营养液。营养液中各种营养元素的含量为(每千克水中毫克数):氮 100.0、磷 30.0、钾 150.0、钙 60.0、镁 20.0、铁 2.0、硼 1.0、锰 6.0、钼 0.5。

5.绿化采收

当苗高长至 8～10 厘米时,将遮光物揭去,使之见光(散射光即可)1～2 天,幼苗由白变绿,完成绿化过程。食用标准不同,采收期不同。食用子叶期萝卜芽,一般在播种后 7～8 天采收;食用 2 片真叶期芽苗,播种后 14～17 天采收。采收最好在傍晚或清晨温度较低时进行。地床栽培的,收获时手握满把,连根拔起,清洗掉根部所带泥沙,捆扎包装。苗盘生产的,可用小刀齐盘底垫纸处割下,捆扎包装上市。

第八章 萝卜病虫害及其防治

一、主要病害及其防治

萝卜的病害有病毒病、霜霉病、黑腐病、黑斑病、白斑病、白锈病、软腐病、根肿病等。病毒病发生普遍，是秋冬萝卜的主要病害之一，一般田块发病率在 20% 以上，甚至有的田块全部发病，给产量和品质造成极大损失。主要包括细菌性病害、真菌性病害和病毒性病害。发生的细菌性病害主要有软腐病、黑腐病、细菌性黑斑病等，真菌性病害主要有白斑病、黑斑病、霜霉病、根肿病、猝倒病等，病毒性病害主要有花叶病或病毒病等。

细菌性病害：一般连作地、低洼地或高温多雨天气及高湿条件，叶面结露、叶缘吐水，利于病菌侵入而发病。此外，肥水管理不当，植株徒长或早衰，寄主处于感病阶段，害虫猖獗或暴风雨频繁发病重。典型病症为叶片病斑无霉状物或粉状物；坏死症状病斑多呈角斑状，叶斑初期呈水渍状；腐烂症状有腥臭味，且病部常有黄色菌脓；萎蔫症状造成青枯，茎秆横切可见菌脓。

真菌性病害：地势低洼、排水不良、偏施氮肥、植株徒长、酸性土壤适合病菌的侵入和发育，连作发病重，水旱轮作发病轻。典型病症为病斑上一般有不同颜色的霉状物或粉状物，颜色有白、黑、红、褐等；坏死症状病斑多具有轮纹、枯焦、穿孔和霉状物等；腐烂症状无腥臭味，病部无菌脓；萎蔫症状常伴有叶片黄化和维管束变色。

病毒性病害:病毒病的流行取决于田间温湿度是否有利于翅蚜的发生和迁飞,播种后遇到干旱天气,幼苗生长受抑制,抗病力降低,同时有翅蚜活动频繁,田间发病重。典型病症为感病植株花叶、卷叶、缩叶、皱叶、萎缩、丛枝、癌肿、丛生、矮化、缩顶等。

综合防治措施:①选用抗病品种。②合理轮作,适时播种。③清洁田园,铲除杂草。④加强肥水管理。⑤苗床、种子和大田处理:苗床每平方米用绿亨1号1克兑细土1千克,播后均匀撒入苗床作盖土,或用绿亨4号(育苗壮)5毫升兑水4千克喷洒苗床;或1千克种子用绿亨1号1千克充分拌匀后,随即播种;或定植前2～3天,喷1次绿亨2号500～600倍液,或绿亨4号300～500倍液,70%甲基硫菌灵1000倍液,是减轻根肿病、黑斑病、黑腐病、病毒病、霜霉病等大田发病最经济有效的措施。⑥药剂防治:用48%乐斯本乳油1500倍液及时防治蚜虫、黄条跳甲、菜青虫、小菜蛾、地老虎等传播病菌的害虫,同时可有效防治病毒病、软腐病、细菌性黑斑病的发生和传播。发病初期,喷洒绿亨9号800～1000倍液,64%杀毒矾500倍液,或霜脲锰锌600～800倍液可防治霜霉病;对根肿病等根部病害,可用绿亨1号兑水3000倍液或50%敌克松700倍液灌根;对细菌性、病毒性病害,可用绿亨6号1000～1500倍液,或吗啉胍、三氮唑900～1200倍液喷雾防治。

1. 白斑病

萝卜发病少,且发病较迟,外表症状不明显,有的往往在上市时才发现许多无商品性。一般菜农往往忽视病害的防治,造成减产减收。

症状：主要危害萝卜叶片。发病初期病斑为散生的灰褐色圆形小斑点，后扩大为浅灰色圆形病斑，直径2～6毫米，病斑周缘有浓绿色晕圈。严重时病斑连片，致叶片枯死。潮湿条件下病斑背面产生稀疏的灰色霉层，即病菌的菌丝体。（图1）

图1　萝卜白斑病

病原：该病病原为芸薹假小尾孢 *Pseudocercosporella capsellae*（Ellis & Everh）Deighton 半知菌亚门小尾孢属。异名白斑小尾孢 *Cercosporella albo-maculans*（Ell. et. Ev）Sacc.分生孢子梗2～10根簇生，无色，无隔膜，略弯，顶端圆形，6～18微米×2.5～3.2微米。分生孢子线形，直或弯曲，无色，顶端略尖，基部圆锥形，1～4个隔膜，38～106微米×2～3.2微米。

发病规律：以分生孢子梗基部的菌丝或菌丝块附着在地表的病叶上生存或以分生孢子黏附在种子上越冬。分生孢子借雨水传播，萌发后从寄主气孔侵入。气温11～23℃、土壤相对湿度62%以上容易导致病害的发生。该病流行的适宜温度偏低，属于低温型病害。

防治方法：

（1）农业防治：选用抗病品种；用 55℃温水浸种 10～15 分钟，冷却后晾干播种；与非十字花科蔬菜实行 3 年以上轮作；及时清理田间病残体，减少侵染源。

（2）药剂防治：用种子重量 0.2％～0.3％的 50％福美双可湿性粉剂拌种；用 43％的戊唑醇悬浮剂 5000 倍液，或 10％苯醚甲环唑 1500 倍液，或 75％甲基托布津可湿性粉剂 800 倍液，或 70％代森锰锌可湿性粉剂 500 倍液，或 40％多·硫悬浮剂 600 倍液，或 70％乙铝锰锌可湿性粉剂 500 倍液等喷雾，每 7～10 天 1 次，连续 2～3 次。

2.黑斑病

症状：主要危害萝卜叶片。叶面初生黑褐色稍隆起的小圆斑，直径 0.3～1 毫米，同心轮纹不明显，后扩大病斑边缘为苍白色，中间淡褐至灰褐色，潮湿时斑面出现黑色霉状物。病部发脆易破碎，发病重时病斑汇合引起叶片局部枯死。（图 2）

图 2　萝卜黑斑病

病原：该病病原为芸薹链格孢 *Alternaria brassicae*（Berk.），日本链格孢 *Alternaria japonica* Yoshii，半知菌亚

门链格孢属。芸薹链格孢,分生孢子梗单生、簇生,浅褐色,分隔。分生孢子单生,倒棒形,褐色,具横膈膜 6～12 个,纵隔膜 0～6 个,64～158 微米×19.5～38 微米;喙柱状,浅褐色,有分隔。日本链格孢,分生孢子梗分枝或不分枝,分隔,直或弯曲,浅黄褐色,分生孢子单生或 2～3 个短链生,黄褐色,初生分生孢子卵形、近椭圆形或倒棒状,具横膈膜 4～8 个,纵、斜隔膜 1～7 个,36.5～50.8 微米×10.2～14.8 微米;次生分生孢子多数较短,卵形、阔卵形或近椭圆形,黄褐色,具横膈膜 3～5 个,纵、斜隔膜 1～3 个,23.5～33.6 微米×10.9～17.2 微米;上述两种分生孢子主横膈膜处明显缢缩,无喙。

发病规律:以菌丝体或分生孢子在病残体上、土壤及种子表面越冬。分生孢子借风雨传播,遇到适宜条件萌发产生芽管,从寄主气孔或直接穿透表皮侵入。发病后,病斑上能产生大量分生孢子,进行重复侵染。pH 值 6.6、气温 12～19℃、土壤相对湿度 72%～85%,容易导致病害的发生。

防治方法:

(1)农业防治。选用抗病品种;用 55℃ 温水浸种 10～15 分钟;与非十字花科蔬菜轮作 2～3 年;高畦深沟种植,增施有机肥,适当增施磷钾肥,有条件的采用配方施肥,提高菜株抗病力;作物收获后彻底清园销毁病残体,翻晒土壤。

(2)药剂防治。用种子重量 0.2%～0.3% 的 50% 福美双可湿性粉剂拌种。用 75% 百菌清可湿性粉剂 500～600 倍液,或 10% 苯醚甲环唑水分散性颗粒剂 1200～1500 倍液,或 50% 异菌脲可湿性粉剂 1000 倍液,或 70% 代森锰锌可湿性粉剂 500 倍液,或 30% 醚菌酯悬浮剂 2500 倍液交替用药,每 7～10 天 1 次,连续防治 3～4 次。

3. 霜霉病

症状：主要危害萝卜叶片。病害从植株下部向上扩展，叶面初现不规则褪绿黄斑，后扩大为多角形黄褐色病斑；湿度大时，叶片背面长出白色霉层，严重时病斑连片，致叶片干枯。该病不侵染心叶。（图3）

图3　萝卜霜霉病

病原：该病病原为寄生霜霉 *Peronospora parasitica* (Pers.:Fr.) Fr. 鞭毛菌亚门霜霉属。菌丝体无隔、无色，寄生于寄主细胞间隙，以吸器深入寄主细胞内吸取养分。无性繁殖产生孢子囊，着生在孢囊梗上；孢囊梗直接从菌丝上产生，由气孔伸出寄主表面，单枝或多枝。孢子囊椭圆形，13～29微米×13～26微米。卵孢子黄褐色，球形，直径34～42微米，壁平滑，有时有皱褶。该菌为专性寄生菌，只能在活体上存活。

发病规律：以卵孢子在病残体或土壤中越冬，也能附着在种子表面越冬。卵孢子借风雨传播，遇到适宜条件萌发产生芽管从幼苗胚茎处侵入。气温8～24℃、空气湿度大，容易导致病害的发生。

防治方法：

（1）农业防治。选用抗病品种；实行轮作，避免重茬；合理施肥、灌溉，合理密植；及时清理田间病残体。

（2）药剂防治。播种前用种子重量 0.3％的 25％甲霜灵可湿性粉剂拌种消毒；可用 50％烯酰吗啉可湿性粉剂 1500 倍液，或 64％杀毒矾可湿性粉剂 500 倍液，或 25％瑞毒霉可湿性粉剂 800 倍液，或 45％敌磺钠可湿性粉剂 500 倍液等喷雾。注意重点喷施中、下部叶片背面，以提高药效。

4.根肿病

症状：该病主要危害萝卜肉质根。发病初期地上部看不出异常。病害扩展后，根部形成肿瘤并逐渐膨大，致使地上部生长变缓、矮小，叶片中午萎蔫，时间长了植株变黄后枯萎而死。肿瘤形状不定，主要生在侧根上，主根不变形，但体形较小。（图 4）

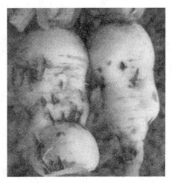

图 4　萝卜根肿病

病原：该病病原为芸薹根肿菌 *Plasmodiophora brassicae* Woron,原生动物界根肿菌门根肿菌属。休眠孢子球形、卵形，4.6～6 微米×1.6～4.6 微米，在寄主细胞内呈鱼卵块状，成熟时相互分开，主要寄生在十字花科蔬菜的根部。休眠孢子囊萌发产生游动孢子,游动孢子顶端具有两根长短不等的鞭毛,能在水中做短距离游动。

发病规律:以休眠孢子囊随病根残体遗留在土壤中越冬,在土壤中可以存活 6 年以上,休眠孢子借雨水、灌溉水、害虫及农事操作等传播。休眠孢子囊球形、单孢,无色或略带灰色,在适宜条件下萌发产生游动孢子,从幼根或根毛穿透表皮侵入寄主形成层后刺激寄主薄壁细胞膨大,形成肿瘤。土壤酸化 pH 值 5.4～6.5、气温 18～25℃、土壤相对湿度 70%～90%,与十字花科蔬菜连作,容易导致病害的发生。

防治方法:

(1)农业防治。严格检疫制度;农家肥使用前必须充分腐熟,以杀灭休眠孢子囊;采用无病土育苗;与非十字花科蔬菜轮作 7 年以上;用根际修复剂、生物菌肥改良土壤,调整土壤 pH 值;搞好排灌系统,做好中沟边沟,及时排出田间积水;及时拔除病株并带出田外烧毁,病穴周围撒消石灰或福尔马林溶液消毒,防止发病田的土带入健康田。

(2)药剂防治。播前用 10% 氰霜唑悬浮剂 800 倍液消毒苗床;大田每亩撒施 30～60 千克氰氨化钙(荣宝)消毒;或50% 氟啶胺悬浮剂 400 倍液灌根,或 10% 氰霜唑悬浮剂 800倍液灌根,或 50% 氯溴异氰尿酸可溶性粉剂 1200 倍液喷雾或灌根,连续 3 次,每 5 天 1 次。

5. 软腐病

症状:该病主要危害萝卜肉质根,也可危害短茎、叶柄及叶。根部多从根尖开始发病,出现油渍状的褐色病斑,发展后使根变软腐烂,继而向上蔓延使心叶变黑褐色软腐,烂成黏滑

的稀泥状,发出一股难闻的臭味。(图5)

图5　萝卜软腐病

病原:该病病原为胡萝卜软腐欧文氏菌胡萝卜软腐致病型 *Erwinia carotovora* subsp. *carotovora*(Jones)Bergey et al,细菌界薄壁菌门。此菌在培养基上的菌落灰白色,圆形或不定形;菌体短杆状,0.5～1.0微米×2.2～3.0微米,周生鞭毛2～8根,无荚膜,不产生芽孢,革兰氏阴性。该菌生长发育最适温度25～30℃,最高40℃,最低2℃,致死温度50℃10分钟;最适pH值7.2,最高pH值9.2,最低pH值5.3,不耐光,不耐干燥。

发病规律:随病残体遗留在土壤中越冬,或者在害虫体内越冬。通过雨水、灌溉水、带菌肥料、昆虫等传播,经伤口侵入寄主。土壤pH值7.2、气温25～30℃、寄主植物存在伤口,容易导致该病的发生。

防治方法:

(1)农业防治。选用抗病品种;避免与十字花科蔬菜连作;及早腾地、翻地,促进病残体腐烂分解。搞好排灌系统,深沟高畦;及时拔出病株,带出田外销毁,并用生石灰粉消毒穴;

及时防治菜青虫、小菜蛾、跳甲、斜纹夜蛾等害虫和避免施肥打药等农事操作造成伤口,以隔绝病菌侵入传播。

(2)药剂防治。用 14％络氨铜水剂 350 倍液,或 72％农用链霉素可湿性粉剂 2000 倍液,或 3％中生菌素可湿性粉剂 600 倍液,或 20％叶枯唑可湿性粉剂 1000 倍液,或 20％噻菌铜悬浮剂 1000 倍液喷雾,每 5 天 1 次,连续用药 3 次。

6.细菌性黑斑病

症状:主要危害萝卜叶片。叶片上初现水渍状不规则斑点,后变为浅褐色至黑褐色有光泽病斑。病斑形状不规则,薄纸状,初在外叶上发生多,后延及内叶。(图 6)

图 6　萝卜细菌性黑斑病

病原:该病病原为十字花科蔬菜黑斑病假单胞 *Pseudomonas syringae* pv. *maculicola*(Mc. Cull)Young et al.细菌界薄壁菌门菌体短杆状,两端圆,极生 1～5 根鞭毛,大小 1.3～3.0 微米×0.7～0.9 微米。

发病规律:病菌在土中、病残体及种子内越冬,田间主要靠灌溉水传播。病菌生长适宜温度 25～27℃,49℃10 分钟致死,适宜土壤 pH 值 6.1～8.8,高温高湿、伤口多容易导致病害发生。

防治方法：

（1）农业防治。选用抗病品种；实行 2 年以上轮作；播种前用 55℃温水浸种 10～15 分钟；发现病株及时拔除；及时清理病残体。

（2）药剂防治。发病初期用 72％农用链霉素可湿性粉剂 3000 倍液，或者 20％叶枯唑可湿性粉剂 800 倍液，或用 47％春雷·王铜可湿性粉剂 700 倍液喷，或 3％中生菌素可湿性粉剂 600 倍液，或 20％噻菌铜悬浮剂 1000 倍液喷雾，连续 3 次，每 5 天 1 次。

7. 黑腐病

症状：萝卜叶片、肉质根均可受害。叶片发病，叶缘出现"V"字形黄褐色病斑，叶脉变黑，叶缘变黄。肉质根染病，髓部呈黑色干腐状，严重者可形成空洞。田间多并发软腐病，终成腐烂。（图 7）

图 7　萝卜黑腐病

病原：该病病原为油菜黄单胞杆菌油菜致病变种 *Xanthomonas campestris* pv. *campestris*（Pammel）Dowson，细菌界薄壁菌门。菌体杆状，0.7～3.0 微米×0.4～0.5 微米，极

生单鞭毛,无芽孢,有荚膜,革兰氏阴性。在肉汁胨培养基上菌落近圆形,初呈淡黄色,后变蜡黄色,边缘完整,略凸起,平滑,具光泽,老龄菌落边缘呈放现状。病菌生长发育最适温度25～30℃,最高39℃,最低5℃,致死温度51℃10分钟,最适pH值6.4。

发病规律:在种子内或随病残体在土壤中越冬。通过带菌菜苗、农具或暴风雨传播,经幼苗子叶或真叶的叶缘水孔或者伤口处侵入,迅速进入维管束,引起叶片基部发病,并从叶片维管束蔓延到茎部维管束引起系统侵染。本病在高山连作地、高温高湿、大雾暴风雨频繁、排水不良、氮肥施用过多、缺肥早衰情况下极易发生。

防治方法:

(1)农业防治。选用抗病品种;与非十字花科蔬菜实行2～3年轮作;55℃温水浸种10～15分钟;加强虫害防治,减少伤口;及时清理病残体,减少初侵染源。

(2)药剂防治。发病初期用72%农用链霉素可湿性粉剂3000倍液,或者20%叶枯唑可湿性粉剂800倍液,或用47%春雷·王铜可湿性粉剂700倍液喷,或20%叶枯唑可湿性粉剂1000倍液,或50%氯溴异氰尿酸可湿性粉剂1000倍液,或20%噻菌铜悬浮剂1000倍液喷雾,连续3次,每5天1次。

8.病毒病

症状:主要危害萝卜叶片。叶部呈现淡绿色至黄绿色花叶,有的沿叶脉出现浓绿色线状凹陷,叶片凹凸不平或扭曲,外围老叶变浅黄绿色,叶面多皱缩变形。重病株矮化,叶脉现明脉,或呈浓绿与淡绿相间斑驳,浓绿部分突起呈疱状,皱缩。

发病植株生长矮小、畸形,影响产量和商品性。(图8)

图8 萝卜病毒病

病原:该病病原是萝卜花叶病毒(RaMV)。病毒为多角状颗粒,致死温度60~65℃。

发病规律:主要靠黄曲条跳甲、蚜虫、粉虱传毒,高山高温期发病严重。

防治方法:

(1)农业防治。选抗病品种;实行轮作;适期播种,避开高温干旱天气;发现病株,及时拔除;苗期做好黄曲条跳甲等昆虫防治。

(2)药剂防治。发病初期喷洒20%病毒A可湿性粉剂500倍液,或1.5%植病灵乳剂1000倍液,5%盐酸吗啉呱可溶性粉剂1000倍液,每隔3~5天防治1次,连续防治2~3次。另外苗期还应注意防治蚜虫和黄条跳甲。

二、主要虫害及其防治

危害萝卜的害虫可分为吸汁类、钻蛀类、食叶类和地下害虫四大类。吸汁类包括蚜虫、菜蝽等,均以刺吸式口器吸取寄

主汁液,使株植萎蔫、卷叶、嫩头扭曲;蚜虫危害传播病毒病,排出的大量蜜露能引起煤污病。钻蛀类害虫主要指菜螟,以幼虫潜食叶肉或钻蛀叶柄或钻蛀生长点乃至髓部。食叶类害虫系指黄条跳甲、菜蛾、菜青虫、斜纹夜蛾、甜菜夜蛾、甘蓝夜蛾、猿叶虫、菜叶蜂等,它们食叶成缺刻或孔洞,以致影响萝卜生长,降低产量。地下害虫主要指在地下的一类害虫,如萝卜蝇、地老虎、蛴螬和蝼蛄等。

1. 蚜虫

危害症状:危害萝卜的蚜虫主要有萝卜蚜、桃蚜和甘蓝蚜。蚜虫以群居的方式在菜叶上吸食汁液,造成叶片卷缩、变黄,致使植株失水,生长缓慢,或全株萎蔫、死亡。

发生规律:菜蚜,一年可发生几十代,其适宜的发育温度在 $15\sim26℃$,在这个范围内,随温度的升高发育期缩短,繁殖力上超过 $28℃$ 反而发育缓慢,并使其寿命缩短。菜蚜发育的适宜湿度在 75% 以下,因此,菜蚜多在春、秋干旱少雨的季节发生,而降雨可减轻其危害。菜蚜的寄主很广,可从一种作物迁飞到另一种作物。菜蚜主要在十字花科蔬菜上越冬,萝卜蚜和甘蓝蚜主要在结球白菜上产卵越冬,而桃蚜在北方可将卵产在蔷薇科果树的芽腋、小枝的裂缝里越冬,开春再迁回菜田危害。

防治方法:将要种植萝卜的地块,于上茬收获后及时清除残枝败叶,并喷杀虫剂消灭虫源,防治蚜虫时注意保护天敌。如食蚜瓢虫、食蚜蝇、草蛉等。药剂防治可用 50% 抗蚜威可湿性粉剂 $2000\sim3000$ 倍液、21% 灭毙乳油 4000 倍液、2.5% 溴氰菊酯乳油 3000 倍液、20% 菊马乳油 2000 倍液或 40% 乐果乳油 $1000\sim2000$ 倍液喷杀。

2.菜螟

在秋播白萝卜上发生较多,俗称钻心虫、萝卜螟,苗期危害较严重。一般年份的危害株率都在 30％左右,严重地区和地块常常高达 70％以上,尤以南方发生较重。如果抓不住防治的有利时机,往往防治效果很低,一些菜农常常把菜螟的危害称为"不治之症"。

危害症状:以幼虫咬食幼苗生长点和蛀食幼苗茎髓,使幼苗生长停滞或死亡。

发生规律:菜螟每年可发生数代,由南向北逐渐减少,广西每年发生 9 代,长江中下游 6 或 7 代,北京、山东等地 3 或 4 代,成虫昼伏夜出,卵常产在初出土幼苗新生长出来真叶背面的皱凹处。刚孵化的幼虫潜叶危害;2 龄后钻出叶面,取食心叶;4 或 5 龄时由心叶或叶柄蛀入茎髓及根部危害。8—9 月,干旱少雨,温度偏高,3～5 叶的幼苗受害最重。气温在 24℃以下,相对湿度超过 70％时,幼虫将大量死亡。

防治方法:首先,深翻土壤,清洁园田,消灭表土和枯枝残株上的虫卵或幼虫。其次,可以通过调整播种期,使萝卜 3～5 叶幼苗期与菜螟高发期错开。在栽培管理上,及时浇水,增加田间湿度,不给菜螟发生的适宜条件。一旦发生,应及时用药。可用 20％氰戊菊酯乳油(杀灭菊酯)4000 倍液、2.5％溴氰菊酯乳油 2500 倍液、40％氰戊菊酯乳油 6000 倍液、25％亚胺硫磷乳油 700～800 倍液、75％辛硫磷乳油 3000～4000 倍液、21％增效氰马乳油(灭杀毙)、2.5％氯氟氰菊酯(功夫)乳油 4000 倍液喷杀。

3.黄条跳甲

萝卜是黄条跳甲喜食的作物,在十字花科蔬菜中受害最重,随着春、夏、秋萝卜生产的不断发展,黄条跳甲食料丰富,发生量大增,已上升为萝卜的头号害虫。

危害症状:黄条跳甲危害萝卜有 2 种虫态,即成虫和幼虫,成虫啃食叶片,幼虫取食根部。成虫啃食刚出土的幼苗子叶,被害幼苗长势衰弱甚至死亡,真叶发生后至萝卜采收前,虫量少时优先取食新叶,虫量大时也取食老叶,被害叶片初呈叮咬状,进而被吃成:轻者孔洞,严重时仅剩叶脉。幼虫取食须根、侧根及主根根皮,影响长势、产量,造成萝卜"麻脸",重者萝卜无法长大,发生裂根老化、枯萎,并大量腐烂。

发生规律:高温高湿容易导致虫害发生,田间表现世代重叠,5—7 月和 9—10 月是一年中 2 个盛发期,以 5 月中旬至6 月上旬最重,成虫善跳跃,敏感,稍有人为触动即行逃逸,所以很难彻底消灭。春、秋季早晚或阴天躲藏在叶背或土块下,中午前后活动最盛,夏季则多在早晨和傍晚活动。11 月中、下旬成虫开始在田间过冬,冬季温暖日子的中午偶尔可见越冬成虫活动。成虫产卵于土壤中,幼虫在土中孵化、取食、发育、化蛹,成虫出土危害叶片。虫害发生的轻重与茬口连接有关,萝卜连作地最重,萝卜与其他十字花科作物连作地次之,与非十字花科蔬菜轮作地较轻,另外,旱地连作较重,水旱轮作较轻。

防治方法:

(1)采用轮作。避免萝卜常年连作,提倡与非十字花科蔬菜轮作和水旱轮作。

(2)清洁田园。萝卜收获后,及时清除残株落叶,铲除杂草,播前深耕晒土,减少食料供给,恶化栖息环境,降低虫源基数。

(3)药剂防治。及早进行,萝卜子叶展开后,结合防治苗期病害及其他虫害兼治黄条跳甲,萝卜破肚前后,结合施肥,在肥水中掺入农药浇根。萝卜生长盛期,选择成虫活动旺盛时段喷施农药,喷药时采用围歼战术,即从田边向中间,从畦沟向畦面、从地面向植株、从植株下部向顶部围歼,提高农药的喷杀效果。常用药剂有 50％辛硫磷乳油 1000 倍液、2.5％溴氰菊酯乳油(敌杀死)3000 倍液等。

4.菜青虫

菜青虫又叫菜粉蝶、菜白蝶。

危害症状:主要以幼虫危害叶片,幼龄期在叶背啃食叶肉,残留表皮,呈小型凹斑。3 龄后将叶片吃成孔洞和缺刻,严重时仅残留叶脉及叶柄,并留下大量虫粪。另外,菜青虫在取食时还有传带病菌的可能,引起软腐病、黑腐病等。

发生规律:菜青虫每年 4—11 月发生,尤以 5—6 月和9—10 月发生严重。菜青虫以蛹在秋季菜地附近较干燥背光的地方,如篱笆、树干、土缝、杂草或残株落叶间越冬。

防治方法:菜青虫的幼虫抗药能力较弱,所以,应及时用药,将幼虫消灭在 3 龄前,同时冬季结合灭蛹。一般在产卵后5～7 天为幼虫孵化盛期,也是喷药的最佳时期。有效的药剂有 90％敌百虫晶体 1000 倍液、50％杀螟硫磷(杀螟松)乳油或乙酰甲胺磷水剂 1000 倍液、21％氰马乳油(灭杀毙)4000 倍液、2.5％溴氰菊酯乳油 3000 倍液、2.5％氯氟氰菊酯乳油5000 倍液、25％或 30％灭幼脲 1 号或 3 号乳油 500～1000倍液。

5.小菜蛾

小菜蛾又叫吊死鬼、小青虫、菜蛾等。其寄主很广,除危害十字花科植物外,还可危害葱、姜、番茄、马铃薯等。

危害症状:主要以幼虫危害叶片,初龄幼虫钻入叶内啃食叶肉,留下表皮,形成不整齐的透明斑,称为"开天窗"。3 或 4

龄幼虫可将叶片吃成孔洞或缺刻,严重时将叶片吃成网状。

发生规律:小菜蛾在 10～40℃ 的范围内均可发育,其发育适温为 20～30℃。因此,小菜蛾一年可发生数十代,华北地区 4～6 代,长江中下游地区 10 代左右,广东则可发生 20 代。其成虫为灰褐色,长 6～7 毫米,对黑光灯趋性强;老熟幼虫长约 10 毫米,头黄褐色,身体淡绿色,体节明显,整个虫体呈纺锤形。蛹长 5～8 毫米,黄绿色至灰褐色。卵椭圆形,表面光滑,单粒或 3～5 粒排列于叶背面。在北方地区通常以蛹越冬,南方以成虫在落叶下越冬。在十字花科蔬菜连作、田间管理粗放、灭茬不彻底等情况下发生严重。而其初孵化的幼虫十分怕水,因此,多雨季节发生较轻。

防治方法:合理布局,避免与十字花科蔬菜连作。秋菜收获后及时清除残株落叶,消灭越冬虫源。采用黑光灯诱杀成虫。药剂防治可用 500～1000 倍液的杀螟杆菌、青虫菌、7216、140、Bt 乳剂等生物农药进行防治。常用的化学药剂有 50％杀螟丹(巴丹)可湿性粉剂 1000～1500 倍液、5％氟苯脲(农梦特)乳油 2000 倍液、50％二嗪磷(二嗪农)乳油 1500 倍液、40％乙酰甲胺磷乳油 100 倍液、灭幼脲 1 号或灭幼脲 3 号 500～1000 倍液、5％啶虫隆乳油 2000 倍液、5％氟虫脲(卡死克)乳油 2000 倍液,喷洒到叶背和新叶上,5～7 天喷 1 次,连喷 3～5 次。

6.夜盗蛾

夜盗蛾包括夜蛾科的多种害虫,主要种类是甘蓝夜蛾和斜纹夜蛾,有时也包括甜菜夜蛾和银纹夜蛾,因它们昼伏夜出而统称为夜盗蛾。夜盗蛾均为多食性害虫,除危害十字花科蔬菜外,还危害甜菜、瓜类、豆类、茄果类等。

危害症状:夜盗蛾主要以幼虫危害叶、花蕾、花和果实。

初孵化幼虫群集在叶的背面取食叶肉,留下表皮及叶脉,使叶片呈白色纱网状;4龄后进入暴食期,分散危害,昼夜取食,可将叶片吃成孔洞或缺刻;老熟幼虫怕光,白天潜伏在阴暗处,傍晚出来取食,虫多时可将菜田吃光,其排泄的粪便还对蔬菜造成污染。

发生规律:夜盗蛾的幼虫体色变化较大,初孵化时为微黑色;2龄时为微绿色;老熟后身体背部为淡褐色,背线及亚背线为浅黄色,腹部灰黄色,有小褐色纹,气门黄褐色,周围黑色。幼虫有假死性,并可吐丝下垂。成虫有趋光性,善飞。

防治方法:冬季深翻土地,消灭部分越冬蛹。诱杀成虫可用黑光灯或糖醋溶液,糖醋溶液的配制方法是,红糖3份、酒1份、醋4份、水2份,再加少许敌百虫,溶解混匀。将其放入碗或盆中,晚上放在菜地中,离地1米高。白天盖好或收起,晚上再放置。

药剂防治应在幼虫的幼龄未分散活动时进行,常用的药剂有90%晶体敌百虫800～1000倍液、21%增效氰马乳油(灭杀毙)6000～8000倍液、2.5%氯氟氰菊酯乳油5000倍液、20%甲氰菊酯(灭扫利)乳油3000倍液、40%氰戊菊酯(速灭杀丁)乳油4000～6000倍液、50%马拉硫磷乳油1000倍液等,每隔10天喷药1次,连喷2或3次。还可喷洒苏云金杆菌乳剂500～1000倍液防治。

7.猿叶虫

猿叶虫有大猿叶虫和小猿叶虫两种。猿叶虫为寡食性害虫,主要危害十字花科蔬菜。其中以白菜、萝卜、芥菜等受害重,甘蓝、花椰菜很少受害。此外还可偶尔危害甜菜、水芹、洋葱和胡萝卜等。

危害症状:猿叶虫的成虫和幼虫均可危害叶片,初孵幼仅啃食叶肉,形成许多凹斑痕,大幼虫和成虫食叶呈孔洞或缺刻,严重时仅留叶脉。

发生规律:大猿叶虫以成虫在枯叶、土隙、石块下越冬,但以土中 5 厘米左右处越冬为主。在我国南方,冬季温暖晴朗天气成虫仍可外出取食活动,无真正休眠现象。在翌年春季,成虫外出活动,交配产卵。卵多产在根际土表或土隙间,或产在植株心叶,卵成堆,排列不整齐,每堆有 20 粒左右。每雌虫可产卵 200~500 粒。成虫、幼虫都有假死习性,昼夜均可取食。成虫耐饥力强,不善飞翔,寿命平均 3 个月左右,最长可达 167 天。春季发生的成虫,到夏初温度达 26.3~29℃时,即潜入深 12 厘米以上的土中蛰伏夏眠或在草丛中和多苔藓的阴凉处夏眠,夏眠期达 3 个月左右,到 8—9 月平均气温下降到 27℃左右,又陆续出土危害繁殖。

小猿叶虫以成虫在根隙或叶下越冬,略群集。天气炎热时开始夏眠,夏眠时间不定,在气温不高、食料丰富时,夏眠缩短或不夏眠。成虫与幼虫的习性与大猿叶虫相同。但成虫无飞翔能力,全靠爬行迁移觅食。成虫寿命短的数月,长的达 4 年,平均 2 年左右。产卵期一般 13~19 天。每只雌虫平均产卵 300 粒左右。卵都散产于叶基部,甚至幼根上,以叶柄上最多,中脉和较大的叶脉上也有。很少产在叶片上。产卵时,成虫先将植物组织咬一个小孔,然后将卵产于孔中,多为 1 孔 1 卵。卵期 7 天左右。幼虫喜集中在叶心取食,昼夜活动,尤以晚上为甚。幼虫期第 1 代约 21 天,其他各代 7~8 天。老熟即入土 3 厘米左右筑一土室化蛹,蛹期 7~11 天。

防治方法:

(1)清洁田园。秋冬季结合积肥,铲除菜地附近杂草,清除枯叶残株,这样可除去部分早春食料和成虫蛰伏场所。也可利用成虫在杂草中越冬习性,在田间或田边堆集杂草,诱集越冬成虫,然后收集烧毁。

(2)人工捕捉。利用其假死习性,发动群众,于清晨用浅口容器承接于叶下,容器中可盛水或稀泥,然后击落虫体,集中杀死。

(3)药剂防治。同菜青虫。

8.黄翅菜叶蜂

危害症状:幼虫危害叶片,把叶吃成孔洞、缺刻,在留种株上,可食花和嫩荚,少数可啃食根部。大发生时,如防治不及时,几天之内可造成严重损失。

发生规律:在北方年发生5代,以预蛹在土中茧内越冬。各代发生时间:第1代5月上旬至6月中旬,第2代6月上旬至7月中旬,第3代7月上旬至8月下旬,第4代8月中旬至10月中旬,以第5代幼虫越冬。成虫在晴朗高温的白天极为活跃,交配产卵,卵产入叶缘组织内呈小隆起,每处1~4粒,常在叶缘产成一排,每雌可产40~150粒。卵发育历期在春、秋为11~14天,夏季为6~9天。幼虫共5龄,发育历期10~12天。幼虫早晚活动取食,有假死习性。老熟幼虫入土做土茧化蛹,前蛹期10~20天(越冬代4~5个月),蛹期7~10天。每年春、秋呈两个发生高峰,以秋季8—9月最为严重。

防治方法:

(1)耕翻土壤。可以机械杀死一部分越冬虫茧。

(2)药剂防治。同菜青虫。

9.菜蝽

危害症状:成虫和若虫均以刺吸式口器吸食寄主植物的汁液,特别喜欢刺吸嫩芽、嫩茎、嫩叶、花蕾和幼荚。它们的唾液对植物组织有破坏作用,并阻碍糖类的代谢和同化作用的

正常进行,被刺处留下黄白色至微黑色斑点。幼苗子叶期受害严重者,遂即萎蔫干枯死亡;受害轻者,植株矮小。在抽薹开花期受害者,花蕾萎蔫脱落,不能结荚,或结荚籽粒不饱满,使菜籽减产。

菜蝽身体内外还能携带十字花科细菌性软腐病的病菌。

发生规律:菜蝽趋嫩、喜光,多栖息在植株顶端幼嫩处和阳光直射的枝叶上活动、取食和交配。成虫中午特别活跃,喜光;早晚不太活动。特别是早晨露水未干之前,成虫多在植株上部边交配边取食。菜蝽有假死习性,受惊后即假死坠落,或振翅飞走。

菜蝽喜光趋温,适宜的温湿度条件为 16～32℃和 30%～80%的相对湿度。最适温度 20～25℃,相对湿度 50%～70%。降雨时,菜蝽不食不动,在暴风雨的袭击下,成虫和若虫均纷纷落地。降雨对菜蝽是一个抑制因素。

菜蝽繁衍后代主要是在十字花科植物上进行的。野生十字花科植物丰富的地方,如农业区的荒地、地边、渠边、河岸、休闲地、林带和杂草丛生的果园,生长着丰富的十字花科杂草,是菜蝽终年滋生繁殖的重要基地。因为这些地方与农田相比,较少受到人们生产活动的影响,较秋耕的农田更能安全越冬,且早春还有充分的食料。此后即在这些地方大量繁殖,并源源不断地向各菜地迁飞扩散。

防治方法:

(1)清除田边、渠边、林带及果园内野生十字花科杂草。

(2)适时浇水,淹杀产在地面的第 1 代卵块。试验表明,浸水 8 小时可淹杀 50%左右卵块。

(3)药剂防治。以防治成虫为上策。其次是防治若虫,应于若虫分散之前即 1、2 龄若虫时加紧防治。常用药剂有:

40％乐果乳油 1500 倍液、90％晶体敌百虫晶体 1500～2000 倍液、80％敌敌畏乳油 1000～1500 倍液、20％速灭杀丁乳油 4000 倍液等。

10. 地蛆

地蛆是花蝇类的幼虫,别名根蛆。危害萝卜的地蛆有 2 种:萝卜蝇和小萝卜蝇。萝卜蝇和小萝卜蝇仅危害十字花科蔬菜,以白菜和萝卜受害最重。

危害症状:萝卜蝇的幼虫在萝卜上不仅危害表皮,造成许多弯曲沟道,还能蛀入内部造成孔洞,并引起腐烂,失去食用价值。小萝卜蝇多由叶柄基部向菜心部钻入并向根部啃食,根、茎相接处受害更重。小萝卜蝇从春天开始危害蔬菜,秋季常与萝卜蝇混合发生。但小萝卜蝇只发生在局部地区,数量不多,危害也不重。

发生规律:萝卜蝇在我国一年仅发生 1 代,以蛹在植株附近的浅土中越冬,少数化蛹晚的可随菜株带到菜窖中越冬。据黑龙江省佳木斯市调查,每年 7 月下旬至 8 月上旬成虫开始羽化出土,出土后经 1 周左右产卵。成虫喜在潮湿处产卵,一般以数粒至数十粒成堆产在植株周围的土缝眼、地面上或叶柄基部,也有的产在叶柄上或菜心里,每头雌虫可产卵 100 余粒。卵期 5～7 天。幼虫孵化后很快就可钻入植株内部危害,幼虫期 35～40 天。从 9 月下旬开始化蛹,至 10 月下旬化蛹结束。成虫喜在日出前后及日落前或阴天活动,中午日光强烈时常隐蔽在叶背面及菜株阴处。成虫对糖醋或未腐熟的有机肥趋性较强。

小萝卜蝇以蛹在土中越冬。越冬代成虫在 5 月下旬至 6 月上旬发生,第 1 代 7 月发生,第 2 代 8 月发生。成虫产卵于嫩叶上或叶腋间,很少产在土表。成虫行动灵活,不易捕

捉。幼虫先危害甘蓝的叶柄和白菜、萝卜的心叶及嫩茎,然后钻入根、茎内部,影响植株生长。

防治方法:

(1)农业防治。有机肥要充分腐熟,施肥时做到均匀深施,种子和肥料要隔开。也可在粪肥上覆盖一层毒土,或粪肥中拌一定量的药剂。

秋季翻地可杀死部分越冬蛹。

(2)药剂防治。

防治成虫:在成虫发生初期开始喷药,用 2.5% 敌百虫粉剂;90% 晶体敌百虫原粉 800～1000 倍液或 80% 敌敌畏乳油 1500 倍液,每隔 7～8 天喷 1 次,连喷 2 次。药要喷在植株基部及其周围的表土上。

防治幼虫:已发生地蛆危害的,可用药剂灌根。灌根的方法是向植株根部周围灌药,可用 90% 敌百虫原粉 800 倍液或 80% 敌敌畏乳油 1000 倍液,装在喷壶(除去喷头)或喷雾器(除去喷头片)中,进行灌根。

11.蝼蛄

危害症状:成虫和若虫皆能危害。可在土下咬食刚播下或刚萌芽的种子;咬幼苗的细根嫩茎,被害株的根茎呈乱麻状,菜苗被害后往往发育不良或凋萎死亡。此外,由于蝼蛄活动力强,常将表土层钻成纵横交错的隧道,使幼苗根部与土壤分离,失水干枯而死,造成缺苗断垄。

发生规律每年春季 3 月中旬,越冬成虫、若虫上升到土表,4 月上旬大量出土活动,开始危害蔬菜幼苗,这时蝼蛄进入表土层活动,是春季调查虫口密度和挖洞灭虫的有利时机。在温室或温床里,温度上升较快,蝼蛄提前危害菜苗。4 月中旬至 6 月上、中旬,地表出现隧道,标志蝼蛄已出窝,这时是结合播种拌药和施毒饵的关键时刻,此时作物正处于苗期,蝼蛄活动危害最为活跃,形成一年中春季危害高峰,重发菜地布满隧道,菜苗大片死亡。6月下旬至8月下旬,成虫进入洞穴产卵繁殖,若虫也潜入土层越夏,危害较轻。立秋之后,天气凉爽,气候适宜,成虫和若虫又上升到地面活动取食,形成秋季危害高峰。10月下旬以后,气温降低,蝼蛄活动危害减少,陆续潜入深土层越冬。

蝼蛄一天的活动是昼伏夜出,特别是气温较高、湿度较大、闷热无风的夜晚,大量出土活动。成虫具趋光性,还对香甜物质和牛粪等有很强的趋性,故可用上述食物或肥料制成毒饵或毒粪诱杀,蝼蛄喜湿,在潮湿的壤土、沙壤土一般发生较多,危害重。雌虫产卵于土下15～25厘米深处,并先做好产卵室。每头雌虫平均产卵量288粒。

防治方法:

(1)毒饵防治。用2.5％敌百虫粉2～2.5千克,加入40～50千克的水拌匀,每公顷用30～60千克,或用90％晶体敌百虫50克,加入1.5千克热水,拌入30千克炒香的麦麸或棉籽饼。气温低时,蝼蛄在表土下活动,最好开沟施放或开穴点施,气温高时,蝼蛄在地面活动,可于傍晚将毒饵撒在土面上。

(2)毒谷防治。每公顷用干谷子7.5～11.25千克煮至半熟,捞出晾干,拌入2.5％敌百虫粉4.5～6.75千克,拌匀后晾到七八成干,即可沟施或穴施。如果温室苗床有蝼蛄,可将毒谷施在蝼蛄活动的隧道处。

(3)药剂拌种。可用40％乐果乳油,按种子重量的0.2％～0.3％拌种。

(4)灯光诱杀。利用蝼蛄的趋光性用黑光灯诱杀成虫。

(5)挖窝灭虫或卵。早春沿蝼蛄造成的虚土堆查找虫窝,发现后,挖至 45 厘米深处即可找到蝼蛄;或在蝼蛄发生较重的地里,在夏季蝼蛄的产卵盛期查找卵室,先铲去表土,发现洞口,往里挖 14～24 厘米,即可找到虫卵,再往下挖 8 厘米左右可挖到雌虫,将卵和雌虫一并消灭。

第九章　萝卜贮藏及加工

为了做到萝卜周年供应,调剂蔬菜品种,满足城乡人民生活需要,发展保护地生产外,还要搞好贮藏保鲜。

一、萝卜贮藏原理

萝卜贮藏的一般原理:秋萝卜收获后,一般可以贮藏 4～5 个月。在长期的贮藏过程中,仍然是一个有机的活体,继续进行着生命活动。但不能再从外界获得养分和水分,同时要不断地消耗自己体内营养物质和水分。因此,萝卜贮藏效果的好坏取决于其在生长期间所累积的营养物质的多少和在贮藏期间这些物质消耗的快慢。在贮藏期间必须创造良好的环境条件,控制好温度、水分、空气等因素,使其既维持着生命活动,又尽量降低自身的消耗。

1. 萝卜贮藏期间的呼吸作用

呼吸作用的本质是在氧的参加下进行的一种缓慢的氧化过程,是生命存在的重要条件,呼吸停止生命也就停止了。呼吸的总反应式是,

$$C_6H_{12}O_5 + 6O_2 \rightarrow 6CO_2 + 6H_2O + 686 \text{ 卡}$$

$$（1 \text{ 卡} \approx 4.1868 \text{ 焦,下同}）$$

$$（葡萄糖）+（氧气）\rightarrow（二氧化碳）+（水）+（热）$$

这个反应式表明,萝卜的呼吸作用,就是在氧气的参加下将体内葡萄糖等有机物质氧化分解成二氧化碳和水,同时释放出能量(称为呼吸热)。所以萝卜呼吸作用愈强,衰老愈快,

因此,呼吸作用直接或间接地关系到萝卜贮藏期中的生理变化。在贮藏期间必须降低呼吸作用。但还要防止因缺氧出现无氧呼吸,无氧呼吸的反应式是:

$$C_6H_{12}O_6 \rightarrow 2C_2H_5OH + 2CO_2 + 25 卡$$

（葡萄糖）→（酒精）+（二氧化碳）+（热）

无氧呼吸生成的产物,对萝卜有害。如果埋在沟里的萝卜,当沟内积水时,泡在水里的萝卜就会进行无氧呼吸。当利用调节气体成分的方法贮藏萝卜时,如果氧气控制得过低,则萝卜就要进行无氧呼吸。有时贮藏的萝卜,虽然它们周围环境并不缺氧,但由于内部因受低温等不良条件的影响,使萝卜本身生理机能失调,阻碍了对氧的吸收,而发生无氧呼吸。无氧呼吸比有氧呼吸释放出来的能量少,因而不如有氧呼吸能经济地利用呼吸基质,所以呼吸基质消耗快。另外,无氧呼吸的最终产物是酒精和二氧化碳。酒精如在萝卜体内累积过多,则致使生物体细胞组织中毒而死亡。使贮藏的萝卜腐烂败坏。因此,在贮藏萝卜时,既要改善贮藏的环境条件,又要使萝卜的呼吸减慢、延长贮藏时间,还要避免发生无氧呼吸。影响萝卜呼吸的因素有以下几点:

第一,不同种类、不同品种呼吸强度不一样。要根据各自的差异,确定贮藏条件和贮藏期限。

第二,温度对萝卜呼吸强度的影响。呼吸作用是生物化学反应,对温度很敏感。在一定温度范围内,温度高则呼吸作用强,生物化学反应进行得快。在一定范围内,温度对呼吸的加速是指数关系,即温度每增加 10℃,呼吸强度增加一倍。

萝卜贮藏的最适温度是,在不使发生生理损害的情况下尽可能低的温度,采用通过低温来抑制萝卜的呼吸强度,把呼吸强度降低到最低程度。各种萝卜贮藏时最适温度为 1~3℃。

另外，在贮藏期间，温度高低的变动，能引起萝卜呼吸强度的增高。因此，在萝卜贮藏管理中，应尽量保持恒定而适宜的温度。

第三，空气成分对萝卜呼吸强度的影响。在贮藏环境中，氧气的含量升高或降低时，将会引起萝卜呼吸作用的变化。贮藏环境中氧气的含量下降，可降低呼吸强度。但氧气过少时，又将使正常的呼吸遭到破坏，而发生无氧呼吸造成产品腐烂败坏。适当提高二氧化碳气体的含量，也能有效地抑制萝卜的呼吸强度。在生产实践中采用气调贮藏时，就是为了既降低氧气的含量，又提高二氧化碳的含量。

第四，机械损伤和病菌侵染对萝卜呼吸强度的影响。当萝卜受到机械损伤时，会刺激呼吸强度的升高，所以在收、运、贮工作中要轻拿、轻放、防止机械损伤。

2. 萝卜贮藏过程中水分变化

萝卜含水量在 90% 以上，在贮藏过程中，含水量渐渐降低，重量不断减轻。因此控制水分消耗和贮藏效果有直接关系。失水过多，将发生萎蔫现象，造成糠心，不仅影响萝卜的重量和品质，而且不利于贮藏。萎蔫后将使正常生理活动受到干扰，刺激呼吸作用、降低抗病能力。

影响萝卜水分蒸发的因素，一是与萝卜本身的种类、品种、成熟度有关。如个体大，表面积相对小，成熟度好，表皮组织坚实，则水分蒸发慢。二是与贮藏环境的空气相对湿度有关，相对湿度越小，则蒸发越快。适宜相对湿度萝卜为 90%～95%。另外，空气流速越快，则水分蒸发越快，因而贮藏场所应尽量减少通风。

萝卜在贮藏期间出现发汗现象，是由于相对湿度过高，温度又逐渐降低时，使萝卜表面温度达到露点而出现水珠凝结。

萝卜贮藏出现发汗现象,有利于病菌繁殖,造成病害蔓延。因此必须控制好空气相对湿度,不使达到饱和,同时又要防止温度波动。

3.温度对萝卜贮藏的影响

萝卜贮藏要求在可行范围内尽可能创造较低的温度条件以降低本身呼吸作用,并抑制微生物活动。萝卜贮藏适宜的温度大体在0℃附近,在适宜温度,经较长时间贮藏,其风味、品质变化不大。但不是温度越低越好,如温度下降,达到结冰点或以下,则细胞原生质凝固,发生冻结,会出现受冻,不仅影响继续贮藏,而且降低品质,甚至丧失商品价值。

发生冻结后,能否恢复正常状态,除受冻程度的影响外,与解冻技术有关。如受冻不严重,采取缓慢解冻,使水分逐渐被原生质吸收,细胞仍可恢复正常的生机状态。因此,萝卜贮藏受冻后,应设法缓慢提高温度,使它缓慢解冻。

二、萝卜贮藏技术

萝卜贮藏的质量标准应该是不脱水,不糠心,保持甜度和清脆度,在贮藏期间必须防止受冻、失水,同时还要防止春季顶芽萌发,大量消耗萝卜组织内部的水分和养料,组织会变得绵软,细胞中物质空缺而发糠,从而降低品质。

萝卜的肥大直根是由大型薄壁细胞组成的,外皮防止水分蒸发的保护组织不发达。很易失水萎蔫,降低抗病能力,而造成糠心。萝卜的细胞间隙大,肉质根组织具有高度的通气性,同时它们还能忍受较高浓度的二氧化碳,据报道,贮藏过程中可忍受8%的二氧化碳,这与肉质根长期生活在不易通气的土壤中,因而形成了适应低氧,高二氧化碳的能力有关,在这样的气体环境里,可以减弱其呼吸强度,抑制萌芽,防止糠心。

（一）贮前的准备

萝卜品种间的耐贮性有很大的差异。一般生育期短的春萝卜以及秋播的早熟种耐贮性较差，前者很少贮藏，后者贮藏期也短，而秋播的晚熟品种，如北京的"心里美"、天津的卫青、济南的清圆脆、石家庄的白萝卜等，耐贮性都很好。

另外，在栽培上应注意，除保证供足氮素肥料外，还应适当地施入磷、钾肥。以增强其抗性。据报道：施单一肥料的萝卜贮藏期间感病率为 31%，而增施复合肥的萝卜感病率只有 11%。

用来做贮藏用的萝卜应适当晚播，延长收获，收获早了，气温高，易脱水糠心，而且影响产量，且过迟收获，生育期过长，造成生理衰老，而且易受冻害，在贮藏中也容易出现糠心。在不受霜冻的情况下，应尽量晚收为宜。由东北到华北，华中一般从十月上、中旬到十一月中、下旬收获。

萝卜收获后，应及时入窖贮藏，以防脱水糠心。如当外界气温高，不能马上入窖，应进行堆放，上面应覆一层薄土进行遮光降温，防止水分蒸发和霜冻。待外界气温降低、地面开始结冰后，再入窖贮藏。

萝卜在入窖前，除挑选出不适于贮藏的病、伤、虫咬的之外，还要进行去缨。去缨一是拧去叶子，留下带有生长点的茎盘，二是用刀将茎盘削去。这两种方法各有利弊。拧叶子保留了生长点的茎盘，一旦温度较高，芽子便可萌发，消耗养分和水分影响萝卜的品质，刀削的办法虽然可以防止萌芽，但由于人为的创造了伤口，将会刺激呼吸强度增高，并增加了水分蒸发的伤口面积，给病菌开了方便之门，易感染病害。所以在生产上有些地区采用只刮不削的办法，也有些地区采用先拧

后削的办法,即入窖初期拧去叶,贮藏后期削去顶,防止萌芽、糠心。

(二)萝卜的贮藏方法

从目前来看,一般可采取以下几种:

1. 假植贮藏

假植贮藏是将田间生长着的萝卜连根拔起,然后置于有保护设备的场所,使其处在假植的状态。以抑制生理活动,保持鲜嫩品质,推迟上市时间的一种贮藏方式。这种方式一般适宜于秋种冬收的萝卜贮藏。

假植贮藏的萝卜只假植一层,不能堆积,株行间还应留适当通风空隙,覆盖物一般与萝卜表面也有一定空隙,以便透入一些散射光。土壤干燥时还需淋几次水,以补充土壤水分的不足,淋水还有助于降温。

萝卜在充分长成收获后,假植在具有较好防冻作用的阳畦、苗床等场所,既处在低温而又不受冻害的环境条件下,生长受到抑制,生理活动处在非常微弱的状态,消耗的物质很少。同时,由于根部仍与土壤接触,能维持近似生长期间的代谢作用,可以较长期地保持新鲜的品质。

(1)操作方法。萝卜假植贮藏时,先是连根拔起,抖去附着在根上的泥土。然后将萝卜排列在阳畦或苗床上晾晒,晾晒时根部向南,茎叶部朝北。晾晒可使萝卜蒸发一部分水分,略微柔软,增强韧性,以防假植时因挤压而折断或损伤。假植的方法可分为埋根和不埋根两种。埋根假植时,将萝卜紧密地竖放在深6～10厘米的南北走向的小沟里,再用土将根埋没。采用这种方法贮藏时,萝卜仍处在生长的状态下,能够吸收较多的水分,贮藏后的品质仍然较好。不埋根假植时,将萝卜一棵紧挨一棵地囤在阳畦或苗床内,既不挖沟,也不埋土。

这种方法贮藏的萝卜数量比较多，用工也比较省，同时，在根部附近形成了较大的空隙，有利于空气流通，可以降低菜堆中的温度。但是，与埋根假植相比，菜堆内的温度不够稳定，而且吸水能力弱，贮藏后的萝卜品质稍差一些。

不论采取何种假植方法，在贮藏后期天气严寒时，都应做好防寒工作，避免萝卜受冻。防寒的方法为在阳畦的北端设立风障，或直接覆盖萝卜。

（2）设备条件。萝卜假植贮藏大多利用阳畦和苗床进行。

阳畦。阳畦是将菜畦向阳的一方做成坡度小的斜面，背阳的一方筑成较陡的斜坡。这种向阳的倾斜畦可使萝卜在白天接受充足的日光和热能，夜间冷空气从斜面流到沟底，使萝卜所在处温度降低比较慢，坡脊又能抵挡寒风，小气候环境优越。

苗床。利用苗床作为假植贮藏萝卜的场所。苗床的四周设有床框，上盖塑料薄膜。严寒时，还可在膜上覆盖草帘、草包等。以增强保温防冻的性能。一般来说，苗床以向南偏东为好，这样可在早晨提早接受阳光，从而缩短床温最低的时间，还可减少西北风吹袭的影响。在使用苗床假植萝卜时，要做好通风换气工作，主要是揭开塑料薄膜透气。

（3）管理要点。

贮前晾晒。萝卜在假植贮藏前要先经晾晒，使其体内的一部分水分蒸发，并使表皮组织增加韧性和强度。晾晒要恰到好处。干燥的晴天水分蒸发快，晾晒的时间不能超过半天，至外部叶片发软即可。不经过晾晒就进行假植的萝卜，因含水量高，质地嫩脆，容易折断损伤，并且呼吸作用强，引起菜堆内温度迅速增高，而且由于水分多、湿度大，很容易腐烂变质。晾晒过度的萝卜则会皱缩，使水解酶活性加强，从而破坏正常

的生理代谢作用。

囤菜要密。将萝卜假植于阳畦或苗床内,称囤菜。囤菜时,萝卜应排列紧密,这样既能防止天气转寒时萝卜受冻,又可以增加贮藏数量。将植株高大的囤在北侧,矮小的囤在南侧,使阳畦或苗床覆盖后留有一定的空隙,既利于空气流通,又自然形成空气绝缘层,能够减少外界气温变化对萝卜的影响。

注意通风。由于萝卜囤得很紧密,呼吸作用产生的热量不易散发,特别在贮藏前期,气温尚高,萝卜容易发热腐烂,因此,囤菜后应注意通风换气,降低气温,以免萝卜抽薹、脱叶等。进入严寒季节,即使采取了覆盖保暖措施,仍需适当通风。应选择无风的晴天中午揭开覆盖物进行通风。

2.沟藏(埋藏)

萝卜沟藏是利用稳定的土壤温度、潮湿阴凉的环境,以减少萝卜蒸腾作用,使其保持新鲜状态。沟藏时,先在地面挖沟,将萝卜堆放在沟内或与细沙土层积在沟内,上面根据天气的变化,分次进行覆土,土层厚度以抵挡寒冷、不使萝卜受冻为宜。

贮藏沟应设在地势高、水位低而土质保水力较强之处。贮藏沟通常东西延长,将挖起的表土堆在沟的南侧,起遮阴作用。底土较洁净,杂菌少,供覆盖用。土堆的遮阴作用值得重视。据测定,在北京地区,高85厘米的土堆,在年底以前遮阴幅度达1米以上,1月中旬约85厘米,至3月中旬才不起作用。利用土堆遮阴,在贮藏的前、中期能起到良好的迅速降温和保持温度较稳定的效果。

用于萝卜贮藏的沟宽度、深度和长度要根据地区条件、贮藏数量而定。各地用于萝卜的贮藏沟的宽度一般为1.0~1.5

米。沟过宽则会增大气温的影响,减小土壤的保温作用,难以维持沟内稳定的低温。较宽的埋藏沟常在沟底设有一至数条通风道。以利于贮藏初期通风散热。沟的深度应比当地冬季的冻土层深些,从南方往北方逐渐加深。沟越深,保温效果越好,降温则越困难。

沟开好后,剪去萝卜叶子,叶柄部留长 2～3 厘米,然后将萝卜直立,一个个排靠在沟中,并用土填充空隙,而后适量洒水,最后在上面撒土覆盖,厚 3～4 厘米。以后要保持沟中适度潮湿,天气冷时,再加厚盖土或加盖稻草,天暖时去除,这样可贮藏到翌年 3 月。

萝卜散堆在沟内贮藏时,最好用湿沙层积,这样有利于保湿并提高萝卜周围的二氧化碳浓度。萝卜在沟内的堆积厚度一般不超过 0.5 米,以免底层萝卜热伤。萝卜下窖后上覆一薄层土,以后随气温下降分次加土,最后土层覆至与地面平齐。贮藏期间必须掌握好覆土的时期和厚度,以防底层萝卜温度过高或表层萝卜受冻。

萝卜在湿润的环境中,才能充分保持组织的膨压而呈现新鲜状态。对于某些品种的萝卜,用湿润的土壤覆盖或与湿沙层积即可:萝卜的大多数品种,特别是生食用的萝卜沟藏时,常常需要向沟内洒水,以增加土壤湿度。洒水的次数和数量,依据萝卜的品种、土壤的保水力以及干湿程度而定。洒水前应先将覆土平整踩实,洒水均匀使之缓慢地下渗,保持土壤均匀湿润。洒水时,切忌底层积水导致萝卜腐烂。

埋藏的萝卜多为一次出沟,有的温暖地区到立春后除掉覆土。剔除腐烂的萝卜,削去顶芽放回沟内,覆一层薄土,可继续储存一段时间。

3.窖藏

贮藏窖有多种形式,其中以棚窖贮藏最为普遍。棚窖可自由进出,便于检查产品,也便于调节温度、湿度,贮藏效果较好。我国南、北方各地都有应用。

棚窖建造时,先在地面挖一长方形窖身,窖顶用木料、玉米秸秆或稻草、土壤做棚盖。根据入土深浅可分为半地下式和地下式两种类型。较温暖的地区或地下水位较高处,多用半地下式,寒冷地区多用地下式。半地下棚窖一般入土深1.0～1.5米,地上堆土墙高1.0～1.5米。地下式棚窖入土深2.5～3.0米。棚窖的宽度不一,宽度在2.5～3.0米的称为"条窖"。4.0～6.0米的称为"方窖"。窖的长度不一,视贮藏量而定,但也不宜太长,为便于操作管理,一般长为20～25米。窖顶的棚盖用木料、竹竿等做横梁,有的在横梁下面立支柱,上面铺成捆的秸秆,再覆土踩实,顶上开设若干个窖口(天窗)。供出入和通风之用。窖口的数量和大小应根据当地气候和贮藏的蔬菜种类而定。一般为0.5～0.8米见方,间距2.5～3.0米,大型的棚窖常在两端或一侧开后窖门,以便于萝卜下窖,并加强贮藏初期的通风降温作用,天冷时再堵死。

萝卜收获后要及时入窖,以防脱水糠心。若气温过高不能马上入窖时,应进行堆放。萝卜入窖前应去除叶片,留下带有生长点的茎盘。削去茎盘时,要注意不要使肉质根受损伤,以免在贮藏过程中病菌从伤口侵入而引起腐烂。入窖前还要经过仔细挑选,剔除有裂口、受损伤、病虫危害的萝卜,以免入窖后腐烂。

4.气调贮藏

(1)最佳贮藏指标。

1)温度。0～1℃。

2)气体。氧气 2%～3%,二氧化碳 5%～6%。

3)湿度。95%～100%。

4)冰点。—1.1℃。

5)气体伤害阈值。氧气<1%,二氧化碳>8%。

6)贮藏期。6～8 个月。

(2)技术工艺。

无伤适时采收—去缨、削去茎盘(根顶削去 2～3 毫米)—去掉须根,剔除伤、病、残块根—适当分级—清洗—消毒、防腐处理—晾干—及时入库,于 0～2℃ 下预冷 10～15 小时(水冷 0～2℃ 风干更好),装入内衬保鲜袋(MA)或箱中—扎紧袋口—码垛—于 0～1℃ 下贮藏即可。

(3)贮藏方法。

1)堆(垛)藏法。萝卜在库内不宜堆得过高,一般为 1.2～1.5 米;否则堆内温度高,容易腐烂。为增进通风散热效果,可在堆内每隔 1.5～2.0 米设一通风筒。萝卜贮藏中一般不搬动,保持库内温度稳定,温度低时用草帘等加以覆盖,以防受冻。萝卜用湿沙土层积要比散堆效果好,便于保温并积累二氧化碳,起到自发气调的作用。立春前后可视萝卜的贮藏状况进行全面检查,发现病烂萝卜及时剔除。

2)塑料薄膜帐半封闭贮藏法。在库内将萝卜堆码成一定大小的长方形垛,用塑料薄膜帐罩上。垛底不铺薄膜,呈半封闭状态,可以适当降低氧气浓度、提高二氧化碳浓度,保持高湿状态,延长贮藏期。贮藏过程中,可定期揭帐通风换气,必要时进行检查。

3)塑料薄膜袋贮藏法。将削去茎盘的萝卜装入厚度为 0.07～0.08 毫米的聚乙烯塑料薄膜袋内,每袋 25 千克左右,挽口或松扎袋口,这样有利于袋内外气体适量交换。萝卜用

塑料薄膜袋贮藏在适宜低温下,其保鲜效果比较明显。

(4)注意事项。

1)机械伤。萝卜贮藏期间通常需去缨、削顶、削须根,但并不意味着机械伤对贮藏性影响不大。

2)留种用萝卜不能削顶或刮芽。

3)抑制发芽。萝卜采后防止发芽可在采前 1 周田间喷洒2500 毫克/升青鲜素(MH),或采后 1 周用 100～200 毫克/升2,4-D 喷洒。

4)防失水。萝卜采收、储运中防止干燥和阳光照晒。

5)防腐。萝卜采后易发生黑心病(黑腐病),由田间感染带菌,采后可用 TBZ 洗果或烟熏。

6)气调大帐做法。将萝卜堆成长 4～5 米×宽 1～1.2 米×高 1.2～1.5 米,上扣塑料大帐,四边用沙压严,底部不铺塑料膜,即半密封结构,此法自然通风库内可保持帐内氧气 6%～7%,二氧化碳 5%左右。小包装为专用保鲜袋装量15～20 千克,冷库内贮藏期不用开袋放气,通风库内用长1000 毫米×宽 500 毫米×厚 0.05 毫米塑料袋,前期 1 个月内,每 7～10 天开袋放气 4～6 小时,以后 20～30 天开袋放气 1 次。

三、萝卜的分级、包装和运输

萝卜收获后就地整修,及时包装、运输。包装可用筐、麻袋或编织袋等进行包装,也可散装。包装容器要求清洁、干燥、牢固、透气,无异味,内部无尖突物,外部无尖刺,无虫蛀、腐烂、霉变现象。塑料箱应符合 GB8868 的要求。每批报验的萝卜,包装规格、单位重量须一致。

装运时,做到轻装、轻卸,严防机械损伤,运输工具清洁、卫生，无污染。

在运输和销售过程中要注意防冻，防热，防日晒、雨淋，注意通风。总之，应采取必要的防范措施，防患于未然。

四、萝卜加工

萝卜不仅可以生食和烹调熟食，还可以加工成各种制品。随着人民生活的提高，食用方法将更向多样化发展。萝卜的加工业将更加兴起，现仅就已有的一些加工种类及方法简要介绍供作参考。

1. 萝卜的干制

萝卜干制是既经济而又大众化的加工方法。设备简单，不须加用副料（糖、盐等），同时制成品体积缩小、重量减轻，运输方便。节约运输费用，所以生产成本低廉。

萝卜丝：原料以冬萝卜为宜，选用肉质紧密，鲜嫩而糖分含量高的白色品种。萝卜洗净后，用刨丝器刨成丝，长 10～15 厘米，粗 3～4 厘米。干制的方法宜先晾后晒，如完全晒干，则易于碎断，品色暗。晾晒最好是选择有风的晴天，空气干燥，水分可迅速蒸发。将萝卜丝散铺在席上，迎风斜放，借风力吹干。如果风力大，一般 1～2 天就可以达到七成干的程度，此时萝卜丝的颜色由白变黄，表面无水分，质柔软。然后将这种七成干的萝卜丝，分层装入内，塞紧、装满后密闭罐口。经过2～3 天就可以发出甜香的气味，呈金黄色，干湿也趋于一致。取出在日光下晒 3～4 小时即可。此时的萝卜丝的含水量应在 8％以下。包装可用木箱或罐子，均须保持严密状态，防止受潮。

脱水萝卜：脱水萝卜就是将萝卜中所含的过多的水分脱去，而萝卜本身所含的营养物质仍能保存较多。加工的方法简便易行：

第一，选择无病、无伤的萝卜洗净，去根，去叶，切成片或条、块。

第二，将整理好的鲜萝卜条（片、块）连同竹笋一起，浸入含有亚硫酸钠0.4％或小苏打0.5％的沸水里，搅拌均匀、要保持水滚开，浸一二分钟，使鲜菜至两成熟，当变得透亮时，连同笋筐一起取出，再浸入含亚硫酸钠0.2％或含小苏打0.25％的冷水里，散热直到全部冷却，然后沥去清水，把菜装入麻袋压去水分，再放在竹帘上准备烘干。

第三，烘房温度要保持在70～80℃。烘菜时，可以连风竹帘一起放在木架上进行烘干。一般烘7～12小时即可。

2.萝卜的腌制

其腌制的方法有下列几种：

第一，咸萝卜干。将萝卜洗净切成长条，晒到七成干时放进缸、坛。放一层萝卜条加一层食盐，每50千克萝卜加盐1.5千克，逐层压紧挤实。7天左右萝卜变黄时取出晒干，即为清香可口的咸萝卜干。

第二，五香甜辣萝卜干。按照上述办法，但在萝卜入缸时每50千克萝卜条揉进五香面150克，成为五香萝卜干。将腌好的萝卜干用温水洗净，每50千克加白糖2.5千克，辣椒面0.25千克，便制成五香甜辣萝卜干。

第三，蒜辣萝卜块。将萝卜洗净切成萝卜丁，晒到七成干时放进缸、坛，在入缸时每50千克萝卜块加碎辣椒1.5千克，大蒜0.5千克和食盐2千克压实密封，7天后即成蒜辣萝卜块。

3.萝卜的盐制

其方法有下列几种：

第一，盐制咸萝卜是一种最常见而且需用量最多的腌制品。全国各地每年都有大量的加工，四季均可进行，但以冬季为主。

　　萝卜收获以后，进行洗净，除去无用的部分，粗老叶片和粗硬纤维，再进行切分。然后放在日光下晒1～2天，待稍干燥后，加入适量的盐进行搓揉，以利盐分透入。如数量多，亦可用脚踏代替。一般搓揉到菜汁冒出即可。分别装入缸中或坛中，排列妥当，压紧，不留空隙，上面再撒一些盐，用干净的石块镇压。使萝卜向下紧沉，能保持萝卜淹没在盐水下面。

　　使用盐的数量，一般标准为处理后的萝卜重的7％～10％。此种浓度适用于冬季腌制。如暖热季节一般为14％～15％比较合适。不至于使萝卜变酸。腌后如3～4天还不见卤渗出，必须马上进行翻缸，使上下倒置，并重新用石块紧压。

　　腌制时间，冬季约需1个月左右，成品率为25％～50％。

　　第二，泡菜也是我国很普遍的一种蔬菜的腌制品。泡菜有适宜的盐分和多量的乳酸，不但风味优美，可助消化。据试验研究，大肠菌、伤寒菌、副伤寒菌、霍乱菌等都不能在泡菜水中生存。蛔虫卵在泡菜水中平均也只能活8～10天，所以正常加工的泡菜，是一种很好的副食品。

　　泡菜以脆为好，凡质地紧密腌制后仍能保持脆嫩状态的蔬菜，都适应做泡菜。萝卜、胡萝卜是泡菜理想的原料。泡制方法是，先将新鲜脆嫩的萝卜或胡萝卜选择大小一致洗净，切成适宜的片块或条段。然后装入泡菜坛内（泡菜坛要预先洗净消毒），加入盐水。盐水浓度一般为10％～15％。待盐水冷却后，再加入准备好的萝卜块或条。装好后盐水液面距坛口6～7厘米。泡制品要淹没在盐水的下面。最后放一些调料将坛盖盖上，于坛边的槽内加清水封闭坛口，将坛移到温暖的地方，让其发酵。在正常的温度下，对于第一次泡制的菜，需

10～14天可以完成发酵作用，即可食用。风味清脆鲜美，酸味适宜。泡的时间愈长，则酸味增加，过久菜变色变软，因此泡菜一般不适于长期保藏，所以最好按照需要量，勤泡少泡。

泡菜一次泡成以后，泡菜水只要不变质，可以继续使用。而且比第1次泡制时间短，在适宜的温度下，快的只需12～14小时即可食用。一般的2～3天就成。泡菜水泡的次数愈多，菜的风味也愈加浓厚。每泡菜一次，盐水的浓度有显著的降低，所以重新泡入新菜时，要同时加入适量的食盐，以保持一定的浓度。一般按每千克萝卜加盐50～70克为标准。萝卜泡到可吃的程度，将泡菜坛搬到阴凉的地方，以免发酵过大而败坏。并要注意坛口水槽内的水不要蒸发干，要常常用净水换。取食时不要将封口水带到坛内，用具要清洁，无油腻。如发现坛内生醭，应及时处理。可适当加入白酒少许或生姜片，碎洋葱片紧闭几天，酸胶即可消失。

萝卜芽：我国食用萝卜，主要是吃肉质根。国外把萝卜芽也作为一种蔬菜食用，而且市场销售量很大。萝卜芽加工生产方法是，选用籽粒饱满，发芽率高，发芽势强的芽用萝卜种子，用温水浸泡至吸饱水为止（水温25～30℃）。捞出萝卜种子放平底的容器中。容器的底放置吸水纸或布，种子的铺放厚室2～3厘米，然后用蒲包或湿布盖严。一般每天上、下午各用清水淋一次。注意调节好温湿度，一般要求温室要保持在20～25℃，湿度要保持在60％～70％。当萝卜芽长到10厘米左右时，即可食用。

萝卜芽食用方法很多，生吃、熟食都可以。也可去掉两头，只用中间的白茎。爆炒，清调，凉拌，做汤吃更是味道鲜美。

第十章　萝卜种子生产

一、萝卜开花授粉习性

萝卜的生长发育周期包括营养生长和生殖生长两个阶段,从营养生长转向生殖生长时必须先通过春化阶段的低温处理。萝卜属于低温敏感型作物,在种子萌动、幼苗、营养生长及贮藏时期都可完成春化阶段。萝卜完成春化阶段最适温度为1～5℃,但不同萝卜品种对春化反应的差异很大。有的品种未经处理的种子在12.2～24.6℃自然条件下就能通过春化,几乎无冬性,如"半身红";有的品种萌动的种子在2～4℃条件下10天通过春化,但播种后要35天以上现蕾,表现冬性,如"心里美"和"五月红";有的品种萌动的种子在2～4℃下处理40天,播种后60天以上现蕾,表现出强冬性,如"春不老"。温度越高通过春化需要的时间就越长。

萝卜为长日照作物,在通过春化后,需在12小时以上的光照及较高的温度条件下通过光照阶段,进行花芽分化和抽生花枝。萝卜春播前期处于低温,后期能满足长日照及较高的温度要求,很容易完成阶段发育,出现先期抽薹的现象,这种现象是萝卜生产特别是春萝卜生产所不希望出现的,但在良种繁育中则可利用这一阶段发育的特点进行小株采种。

萝卜的花序为无限生长型复总状花序,上中部抽生花枝早,花较多,结荚多,种子饱满;基部花枝抽生晚,花枝短,数量少,种子质量差。健壮的种株每株有1500～3000朵花。花为

雌雄同花的完全花;花萼 4 枚,绿色,包在花的最外部;花冠十字形,由 4 枚离生的花瓣组成,白色或淡紫色;雄蕊为四长两短的"四强雄蕊",由花药和花丝组成;雄蕊着生于花的中央,由子房、柱头和花柱组成。

萝卜为典型异花授粉作物,花粉主要靠昆虫传粉,种子生产上,如隔离不好将存在严重的生物学混杂现象。

二、萝卜良种生产的意义

经过育种工作者多年努力,通过广泛引种、选择育种、有性杂交育种以及以利用自交不亲和系与雄性不育系为主的杂交种优势育种等方式培育出多个适应不同地区、不同消费需求的优良品种。目前应用于生产上的常用萝卜品种达数十个,既有常规品种,又有 F_1 代杂交种,而且 F_1 代杂交种将在萝卜生产中占的份额越来越大。

种子生产即良种繁育,是将优良品种从品种选育机构(育种者)到大面积生产推广的重要中间环节,又是品种尽快推向市场、使育种者与种植者取得直接经济效益的关键环节。它的主要任务就是大量繁殖优良品种的种子,并保持品种的种性和纯度。

三、萝卜良种生产的基本原理

1.萝卜品种的退化

品种在繁育的过程中,由于多种原因遗传性会发生劣变,表现为后代产量变低、品质变劣、抽薹习性及生活力减弱、抗性减弱或消失、性状分离,甚至完全丧失原品种的特性,这种现象即为品种退化。造成萝卜品种退化的原因是多方面的,主要有以下几个:

（1）发育学上的变异。如果种子生产的不同世代在不同的环境条件下进行，由于土壤肥力、气候、光周期、海拔高度等条件不同，不同的世代间便会产生发育学上的差异造成品种退化，如抗热品种长期在高寒地带留种往往会引起抗性丧失。

（2）机械混杂。在种子收获、加工、包装、贮藏运输过程中，混入其他萝卜品种的种子，这种混杂是引起品种退化的重要原因，并且还会进一步引起生物学混杂。防止机械混杂必须科学地安排种子生产地，加强对种子生产过程的管理，并在种子加工过程中严格执行操作规程。

（3）生物学混杂。萝卜为异花授粉蔬菜作物，自然杂交率极高，在繁殖的过程中由于没有进行严格地隔离其他品种或种类的花粉授粉，在后代中出现了一些非目的的杂合个体，这些杂合个体又导致以后世代的分离与重组，使原品种群体的遗传结构发生了很大的改变，造成品种的迅速劣变。

（4）自然突变。在繁殖的过程中由于自然界各种理化因素的综合影响会发生或多或少的自然突变。尽管对表现型影响大的突变发生的概率不高，但微小变异的频率却是相当高的，当微小变异积累到足以引起分离与重组时，便会加快品种的退化，以致丧失原品种的典型性。

（5）品种本身的遗传性变化。萝卜是异花授粉植物，其群体的基因型组成不可能是绝对单一的，总存在一些微小的遗传变异。在以后的种子生产中，这些变异有可能经选择而得以消除，也可能不被消除而积累和发展，从而影响品种的遗传纯度，引起品种的混杂和退化。

（6）病害的选择性影响。一个品种常常对于育种计划以外的病害或某一病害的新生理小种不具抗性，在病害的影响下会失去其原有的优良特性，表现明显的退化。由于 TuMV

(病毒病)存在分化现象,生产上常出现高抗病毒病品种抗性下降。

(7)不良的采、留种技术。在种子生产过程中,若未进行严格的选择,淘汰掉混杂劣变的植株,结果必然导致品种退化;或者虽进行了选择,但选择方法不佳或标准不当,如过于重视肉质根的大小而忽视了性状的典型性和一致性,或者忽视了对原种育性、自交不亲和性的监测与鉴定,或以病株留种或留种植株过少而导致遗传变迁等,都有可能导致不同程度的品种退化。

2.萝卜品种遗传纯度的保持

(1)严格控制种子来源。控制种子来源的根本方法在于严格实现种子分级繁殖制度。像其他蔬菜一样,萝卜种子也分原原种、原种及良种3级。由育种单位控制提供亲本原原种,有利于实现种子生产的专业化和种子质量的标准化,因而是种子生产种保持品种遗传纯度的关键环节。

(2)严格隔离。对于萝卜这种异花授粉作物,在制种地区采用严格的花期隔离措施是防止生物学混杂的重要措施。隔离方法通常有机械隔离、花期隔离和空间隔离。机械隔离是在植株开花前,用透明纸袋遮套花序,或直接将要繁殖的植株种在网罩、网棚、网室及塑料大棚内隔离采种。这种方法主要应用于少量原原种的繁殖或原始材料的保存。采用机械隔离的方法,由于隔离物对植株的生长有一定的影响,会导致结实率降低,为此,应在开花授粉后及时去袋,在棚内进行人工辅助授粉或放入蜜蜂等昆虫辅助授粉。花期隔离即分期播种、分期定植、春化或光照处理、摘心整枝等措施,使不同品种的花期前后错开而达到隔离的目的。这种方法比较省工,成本低,采种量也较大,可用于生产用种的大面积繁殖生产。但这种方法的缺点在于不同品种的花期很难完全错开。由于萝卜的种子寿命较长,可采用不同品种分年种植的方法以做到有效隔离。空间隔离是将不同品种的种子生产地人为隔开一定的距离,一般最小距离为 800 米,生产用种的生产隔离距离要在 1000 米以上,以防止非目的的杂交。这种方法不需要任何隔离设施,也无须采取任何调节花期的措施,经济有效,是萝卜大面积的良种繁育所最常用的方式。

(3)合理地选择和留种。种子生产地里由于各种混杂会有少量的杂种存在,必须及时地通过选择进行种株的去杂去劣,以保证繁殖品种的遗传纯度。选择应连续、定向逐代进行,以最大限度地保持品种的典型性。田间选择应在品种特征特性易于鉴别的关键时期分阶段多次进行,以保证种株各生育期阶段的特征特性能符合原品种的典型性。

留种方面,小株留种的播种材料必须是高纯度的原种,其繁殖获得的种子只能作生产用种,而原种种子只能由成株留种获得。原种生产中选留的种株不应少于 50 株,并避免来自同一亲系,以免群体遗传基础贫乏,从而导致生活力降低和适应性减弱。

(4)严格执行种子收获和加工操作规程。这是防止机械混杂的主要措施。首先,萝卜留种地要尽可能采用轮作,以免发生前后作间的天然杂交。其次,在种子收获和加工过程中要彻底对使用的容器、运输工具及加工用具等进行清洁,以清除以往留下的种子。种子堆放和晾晒时,不同的品种一定要分开较大的距离。在包装、贮藏、运输及种子处理时,一定要附上标签,注明品种的名称和产地及种子的等级、数量和纯度。

四、常规品种的采种技术

(一)采种方式

萝卜的采种方式分大株采种、中株采种和小株采种。

(1)大株采种。又称为成株采种法,即让植株的肉质根充分膨大后选留种株采种。一般秋萝卜可以按正常商品生产的播期播种;夏秋萝卜则要推迟播期,以缩短贮藏或减少冬季在田间的时间;春萝卜可用保护地栽培,以便在早春播种长成肉质根后采种。

此采种法的种株均经过较严格而全面的商品期选择,种子质量好而且可靠,但成本较高,一般只用于各类型萝卜品种的原种繁殖。

(2)中株采种。又称为半成株采种法,比大株采种晚播15~30天,采收时肉质根未充分膨大,但已呈现品种特征。种植密度比大株采种大 2~3 倍。

此采种法避开前期高温及多雨等不良因素的影响,种株生长期间病虫害较轻,肉质根耐贮藏,具有较强的生活力,种株采种量较高,生产成本较低。因品种特征特性未充分表现,故种株选择力度不如大株采种,因此种子纯度不如大株采种法,较适合于生产用种的繁殖。

(3)小株采种。于早春将种子播于阳畦或解冻的露地,利用早春的低温,使萌动的种子及幼苗通过春化阶段,南方不需经过春化处理,直接撒播或条播露地。

种株在春末夏初抽薹、开花、结实。优点是生长期短,省工省地,适于密植,单位面积种子产量较高,降低了种子的生产成本。但对种株的经济性状不能进行很好地选择,连年采用会引起种性的退化,种子的饱满度也较低。这种方法仅适于生产用种的繁殖。此法又可分为以下 2 种方法。

1）育苗移栽法。入冬前保护地内施足基肥，深耕耙平。播种前 10～15 天覆盖塑料薄膜，夜间加草苫提高畦内地温。播种前畦内灌足底水，干籽撒播，上覆细土 1 厘米。播种后盖严塑料薄膜，夜间加盖草苫。出苗前一般不通风，出苗后适当通风，保持畦温白天 15～20℃，夜间 5～10℃。3 月开始逐渐加大通风量，白天可以揭去塑料薄膜，夜间稍加覆盖。3 月中、下旬定植于采种田中，定植后立即浇水。

2）催芽直播法。3 月 10 日左右播种，之前要催芽，用低垄栽培加地膜覆盖，每垄 2 行，开穴点种。穴距 15～20 厘米，行距 50 厘米，浇水点种，覆土，耧平，盖地膜。幼苗出土后，戳破地膜，使幼苗露出。

（二）种株的选择

（1）苗期。在留种田，根据繁殖品种的叶形、叶色、叶缘及抗病的强弱，结合间苗选留具有原品种特征，生长整齐健壮的植株，至大破肚时定苗，其余拔除。

（2）肉质根成熟期。根据植株长短、株态、叶片数、叶形、肉质根的形状、色泽、大小、入土部分的长短以及抗病毒病、霜霉病、黑斑病和黑腐病的能力进行选择。此期的选择十分重要，宜选择顶小、叶少、须根稀、尾根细、形正色纯，大小均匀，表皮光滑，不空不裂，主芽未抽薹，侧芽未萌发，符合原品种特征特性的优良肉质根作为种株。

（3）抽薹期。在种株抽薹时，应观察蕾期、花色、分枝习性及抗病性、抗寒性，将抽薹太早、太晚，杂色花，得病受冻害的植株拔除。

（4）黄荚期。根据种荚长短、抗病性强弱来加以选择，从生长健壮、种荚长、种荚内种子多的种株上采收种子。

(三)种株的定植和管理

(1)采种田的确定和准备。首先选用有隔离条件的地方，以防止生物学混杂，一般自然隔离，原种 2000 米，良种 1000 米以上；如无隔离条件，可采用保护地栽培、提前定植、套防虫纱网等方法隔离。采种田应选择肥水条件好，前茬未种过十字花科蔬菜的沙质壤土。在冬前进行深耕，深度在 30 厘米以上，冬季充分冻垡晒垡，第二年春季将土垡打碎耙平，每亩施有机肥 5000 千克以上，过磷酸钙 20～30 千克。

(2)定植时间。因地区而异。南方地区，种株收获后，于冬初定植在采种田中露地越冬；北方地区种株收获经冬储后，于翌年春天土壤化冻后定植到露地，在华北地区一般 3 月下旬到 4 月上旬定植。

(3)定植的要求。大型品种的行株距为 70 厘米×50 厘米，中型品种为 60 厘米×40 厘米，小型品种为 50 厘米×30 厘米，定植深度为将肉质根全部埋入土中，根头部入土 2 厘米，以防冻害。对于某些长根型的品种，种株可以斜栽，栽后一定要将土踩实，以免浇水时土壤下陷，种株外露，引起冻害，或地下积水过多，引起种株腐烂。

(4)肥水管理。视土壤湿度而定，若湿度大，可以不浇水，以利地温升高；若湿度小，可浇水，并及时中耕，忌大水漫灌，影响地温的回升。待种株发芽后，及时将土扒开，追施 1 次稀粪水。抽薹叶片充分展开后，再追施 1 次粪肥和硫酸钾，每亩 20 千克左右，并及时中耕。待种株开花后，要隔 5～7 天浇 1 次水，并开浅沟施复合肥每亩 30 千克左右。此时土壤见干见湿，以土壤不开裂为度。进入末花期，控制浇水，防止植株恋青，以促进种子成熟。

(5)设立支柱和植株整枝摘心。为了防止种株倒伏，在抽薹期设立支柱,每株插一竹竿或插成篱架,把主枝绑在支柱上。待种株进入末花期后,要将各枝条未开放的花蕾摘去,并将植株基部新抽生的侧枝及时剪去,使植株养分集中向种子输送。

(6)病虫害的防治。种株生长期间主要有蚜虫和霜霉病危害,需及时防治,否则会影响种子的产量和质量。特别是在抽薹后开花前,一定要用稀释800~1000倍的乐果等药剂彻底防治蚜虫,进入开花期后,尽量不喷药,以防杀死传粉的昆虫,影响种子的产量。盛花期后温度升高,蚜虫增多,霜霉病也跟着发生,此时除积极防治蚜虫外,还应在乐果中加入代森锌等药剂防治霜霉病,提高种子产量和质量。

(7)种株的采收和脱粒。种荚黄熟后,要及时收获种株。收获时,还可以进行最后一次选种,选结实率高、种株生长好、不易糠心的种株进行单独留种。可用稻谷脱粒机将已风干种株的干荚脱下,再把脱下的干荚装入水稻碾米机脱粒,这样可以大大提高萝卜的种荚脱粒效率。无机械脱粒条件时,需待种株晒干后趁午间进行打压脱粒。脱粒后,清除杂质,风干、包装,在冷凉干燥处贮藏备用。一般种子发芽力可以维持4~5年。

(8)注意事项

1)采种田应有2000米以上的自然隔离区或用纱网隔离。

2)江南地区种株收获后可直接定植于采种田越冬,北方及寒冷地区进行种株埋藏或窖藏,第二年春天定植于采种田。

3)留种田要施足基肥,在开花期还可喷0.2%的磷酸二氢钾。

4)注意防治害虫,特别是蚜虫的危害。

5)植株生长后期因种荚充分发育,植株负重倾斜,很容易

倒伏,因此要设置简易支架。

6)种荚成熟后要及时采收,防止植株倒伏或下雨受潮引起霉烂;收割后要充分晒干再进行脱粒。

五、一代杂交种的制种技术

萝卜一代杂交种优势极为明显,通常表现在产量、品质、早熟性、抗逆性、储运性、整齐度等都优于亲本。目前萝卜杂交种一代常利用雄性不育系和自交不亲和系制种,尤其用萝卜雄性不育系配制一代杂交种更为普遍。

(一)利用雄性不育系生产一代杂交种的技术

雄性不育系、保持系及父本系,均需要代代采用大株采种法繁殖原种。在繁殖过程中必须严格选择,以保证不育株率的稳定性和综合经济性状的优良。制种时要分两个隔离区。

1.亲本的保存与繁殖

亲本的繁殖多采用成株采种法,但为了避免苗期高温多雨及病虫害等不良因素的影响,使种株有较强的生活力,秋季播种时可比同类型品种大田生产晚7～10天。秋末冬初收获肉质根时注意严格选择——去劣去杂,分系收获,分系定植或分系冬储后定植。将不育系和保持系的种株定植于同一隔离区的采种田内,其比例为(3～4):1,隔行栽植,在自然条件下授粉,这样从雄性不育系植株上所收的种子仍为雄性不育系;从保持系植株上收获的种子仍为保持系;保持系的种子也可以分株采收,进行母系选择提纯复壮。父本系种株则定植到父本隔离区内,自然授粉,种子成熟后收获即为父本原种。

2.一代杂交种的生产

杂交种的生产可以采用中株采种法或小株采种法。

(1)中株采种法是在秋季分别晚播种雄性不育系和父本

系,秋末冬初收获,严格筛选,将父本和母本以1:(3~4)的比例隔行定植到采种田中。或分别冬储后于春季定植。隔离距离在2000米以上。开花后任父母本间自然授粉,同时采取人工放养蜜蜂的方法辅助授粉,这样可提高结实结籽率,提高产量。从不育株上收获的种子为一代杂交种,从父本行上收获的种子仍为父本系。制种中很难严格做到杂交种100%的纯度,因此在进行杂交制种时,可以在盛花期过后及时去掉父本植株,以确保杂交种的纯度。

(2)小株采种法多在初春土壤化冻后播种,父本和母本的比例为1:(3~4),条播。幼苗出齐后分期间苗,4~5片真叶定苗,行距根据亲本植株的大小和分枝习性而定。种株抽薹后及时进行田间检查,摘掉明显早抽薹亲本株的主茎上端花序,推迟花期,使双亲花期相遇。此法生产杂交种产量较低,质量也较差。小株采种可以进行一些改进,即冬末春初在保护地内播种育苗,先在低温季节培育成健壮大苗,充分通风降温炼苗后,带土或营养钵,定植到已转暖的露地,并加强管理,这样可比春季直播明显提高产量和种子质量。

3.利用雄性不育系制种的优缺点

利用雄性不育系生产一代杂交种,其优点是杂种率高,如果亲本纯度高,隔离条件好,或去掉父本株彻底,杂种率可达100%。其缺点是选育雄性不育系比较麻烦,要求技术和设备条件均较高,而理想的雄性不育系不易育成。此外,制种时只能从不育系上采种,故种子产量低些。

(二)利用自交不亲和系生产一代杂交种的技术

1.亲本的保存及繁殖

亲本有自交不亲和系、自交亲和系(或品种)。第一年秋天将亲本分别播种在各自的繁殖圃中,为了获得生活力较强的种株,避开苗期的高温多雨及病虫危害,播期可比大田生产晚 7～10 天。秋末冬初收获种根时,注意选优去劣,分别收获,分别贮藏。第二年春天,将双亲分别定植在不同的隔离区内,隔离距离 2000 米以上。亲和系(品种)可使其充分地授粉,获得大量的自交亲和系(品种);自交不亲和系则在开花期用 0.4%的盐水处理,隔 1 天喷 1 次,以克服自交不亲和性,并要设法摇动花枝使花粉充分地落到柱头上进行自交,这样即可快速大量地繁殖自交不亲和系。但用盐水处理繁殖自交不亲和系不能连续使用,繁殖自交不亲和系原种时仍应采用蕾期人工自交的方法,即在花蕾开放前 1～2 天,人工蕾期自交采种。人工蕾期自交因萝卜单荚种子数较少,繁殖的成本较高。一般是用人工蕾期自交繁殖亲本(自交不亲和系)的原种,而用盐水处理法快速繁殖亲本(自交不亲和系)。为了防止长期自交引起生活力衰退,常采用以下办法进行预防:

第一,尽量选用自交退化慢的材料。

第二,育种完成后大量繁殖双亲作为原原种,种子储存在放有硅胶的干燥器中,置于 4～5℃低温条件下,可贮藏 10 年以上。每年取出少量原原种用以繁殖原种配制一代杂交种。

第三,将同一自交不亲和系的不同植株花粉混合起来授粉,可以延缓生活力的衰退。

第四,应用无性繁殖法保存自交不亲和系材料。

2. 杂交种一代种子的生产

杂交种的配组方法有自交不亲和系×自交系(品种)或自交不亲和系×自交不亲和系。由于采用第二种方法组配时,双亲上采得的种子均为杂交种一代,杂交种的种子产量比第一种组配法高 1/4～1/3,是目前经常采用的方法。自交不亲和系×自交系组配生产杂交种一代时,是以自交不亲和系为母本,亲和系为父本,父母本的比例一般是 1:（3~4）,从母本（自交不亲和系）上采得的种子即为杂交种一代。而自交不亲和系与自交不亲和系组配生产杂交种一代时,双亲比例为 1:1,从双亲上采得的种子均为杂交种子。利用自交不亲和系生产一代杂交种种子的其他管理方法与利用雄性不育系生产杂交种一代种子的方法相同。

　　3.利用自交不亲和系制种的优缺点及改进办法

　　利用自交不亲和系较之利用雄性不育系制种的优点主要有两方面。第一,自交不亲和系在十字花科蔬菜中广泛存在,而且遗传机制已大致清楚,故获得自交不亲和系比较容易和较有把握。第二,不需要选育保持系,可以省去选育保持系的庞大工作量和较长的选育过程。但利用自交不亲和系也有其困难的一面,正是由于自交不亲和系的存在,故获得自交种子比较困难。即使采用蕾期授粉,多数自交不亲和系种子的产量也不够高。蕾期授粉花费劳力多,从而提高了杂交种一代种子的生产成本。花期自交亲和指数低的,蕾期自交亲和指数往往也不高,同时经多代自交,多数自交不亲和系生活力容易发生退化。另外,如果用双交种,必须有四个配合力好的自交不亲和系,比较费事,选育时间长,育种程序复杂,工作量也大。

主要参考文献

[1] 汪隆植,何启伟. 我国萝卜[M].北京:科学技术文献出版社,2005.

[2] 朱立新,张承和. 萝卜胡萝卜栽培技术问答[M]. 北京:我国农业大学出版社,2008.

[3] 陆帼一. 根菜类蔬菜周年生产技术[M]. 北京:金盾出版社,2002.

[4] 周长久,王勇. 萝卜高产栽培[M]. 北京:金盾出版社,2007.

[5] 张菲,李宗珍,陈伟杰,等. 萝卜胡萝卜高效栽培技术[M]. 济南:山东科学技术出版社,2012.

[6] 王玉刚. 萝卜标准化生产技术[M]. 北京:金盾出版社,2007.

[7] 武玲萱,候志钢,张继宁,等. 提高萝卜商品性栽培技术问答[M]. 北京:金盾出版社,2010.

[8] 张惠梅,胡喜来. 胡萝卜、萝卜标准化生产[M]. 郑州:河南科学技术出版社,2011.

[9] 朱立新,张承和. 萝卜 胡萝卜栽培技术问答[M]. 北京:我国农业大学出版社,2009.

[10] 张菲,张忠刚,陈伟杰,等. 萝卜胡萝卜栽培答疑[M]. 济南:山东科学技术出版社,2012.

[11] 方智远. 蔬菜学[M]. 南京:江苏科学技术出版社,2004.

[12]　沈火林,李昌伟.根菜类蔬菜制种技术[M].北京:金盾出版社,2007.

[13]　邱正明,杜洪俊.高山蔬菜高效生态种植技术[M].武汉:湖北科学技术出版社,2010.

[14]　罗智敏.水果萝卜栽培与病虫害防治[M].天津:天津科技翻译出版公司,2010.